U0475164

书山有路勤为径,优质资源伴你行
注册世纪波学院会员,享精品图书增值服务

能力的答案

The Answers to The Ability

何 平　张雅文　著

电子工业出版社
Publishing House of Electronics Industry
北京·BEIJING

内 容 简 介

本书介绍了 24 个通用能力思维模型，包括 3HOW 未来法等，能帮助读者高效提升心态、情绪、目标、思维、沟通与表达六大通用能力。

本书具有权威性、模型化和练习感三大优势。权威性是指本书萃取了国内外版权培训课程及经典图书精华，内容超值；模型化是指知识点被提炼成了简约不简单的思维模型，方便读者记忆、实践及迁移；练习感是指每个模型均按照库伯学习循环圈展开引导，帮助读者从知道到做到。

本书适合努力提升认知、了解未知、变现新知的三知读者。如果读者用心觉察，用眼发现，用手行动，将会飞速成长为高效能职场人士。

未经许可，不得以任何方式复制或抄袭本书之部分或全部内容。
版权所有，侵权必究。

图书在版编目（CIP）数据

能力的答案 / 何平，张雅文著. —北京：电子工业出版社，2021.4
ISBN 978-7-121-40754-3

Ⅰ．①能… Ⅱ．①何… ②张… Ⅲ．①思维方法 Ⅳ．①B804

中国版本图书馆 CIP 数据核字（2021）第 043625 号

责任编辑：杨洪军　　　　特约编辑：田学清
印　　刷：三河市君旺印务有限公司
装　　订：三河市君旺印务有限公司
出版发行：电子工业出版社
　　　　　北京市海淀区万寿路 173 信箱　　邮编 100036
开　　本：720×1000　1/16　印张：13.75　字数：203.3 千字
版　　次：2021 年 4 月第 1 版
印　　次：2021 年 4 月第 1 次印刷
定　　价：68.00 元

凡所购买电子工业出版社图书有缺损问题，请向购买书店调换。若书店售缺，请与本社发行部联系，联系及邮购电话：(010) 88254888，88258888。
质量投诉请发邮件至 zlts@phei.com.cn，盗版侵权举报请发邮件至 dbqq@phei.com.cn。
本书咨询联系方式：(010) 88254199，sjb@phei.com.cn。

推 荐 语

（按姓氏音序排列）

在这个高速运转的社会里，我们心里总有一种不踏实感，害怕被他人超越。虽然知道无论如何都要学习，但是又不知道学习什么，从哪儿开始学习。幸运的是，何平老师的这本书给出了成体系的答案。读吧，用吧，你一定会超越昨天的自己，成为更卓越的自己。

——陈序　迈士顿国际教练社创始人、五维教练领导力©创始导师

思维决定行动，行动塑造习惯，习惯改变命运。想要获得改变，一定要形成正确的思维。何平老师从心态、情绪等六类富人思维入手，娓娓道来，你读完后行动起来，一定会很有收获。

——弗兰克　央视推荐畅销书《爆款写作课》作者

何平老师是一位高智商的严谨理科男，同时他的情商也始终高位在线，他的作品字里行间都透射出独特的魅力。更可贵的是，他还具备了本书所讲的多元思维能力，从而能在培训经理、社群领袖、培训讲师等多重角色中实现顺利的转型和惊人的突破。如果你能认真阅读本书并坚持付诸行动、改善自我，我相信你也能不断迭代、持续精进，更好地工作与生活。

——梁兴盛　四川讲师中心总经理/师资经纪人

培训师写的书的最大特点，就是案例非常适合实操，讲解十分细致，不仅有道还有术。如果能够对这些方法一一进行深度的思考和践行，相信你的生活会变得更加美好。感谢何平老师无私的分享。

——宋欣桐　四川一言一席教育咨询公司创始人　思维表达职业培训师

只要在正确的方向上，用正确的方式持续积累，成为真正的专家只是个时间问题。何平就是这样一位永不止步学习，如蜜蜂采百花，并付诸实践酿成蜂蜜的专家。推荐大家去读、去用这本书，希望大家成长为专家。

——田俊国　著名实战派培训专家、领导力专家
北京易明管理咨询有限公司创始人

如果我早十年看到这本书，我想我的职场、我的人生都会少走很多弯路。推荐给所有对未来有期待、对自己有期许的伙伴，让我们一起在书中寻找能力的答案。

——万盛兰　自由讲师

何平老师是我见过最爱学习，也是成长最快、研究学习最认真的培训师！翻开本书后，我瞬间被迷住，一口气看完，书中的思维模型太实用了！设定目标，拥有好心态，会听会说，掌控好自己的情绪，再运用好思维模型（会思考），从此我就是那个"捉黑天鹅的人"！

——王嘉（Jessie）　ICF（国际教练联合会）教练　SPOT授证引导师

作为讲师中心的创始人，我与何平老师有不少接触，从培训师的角度来看，何平老师是一位专业并且职业的培训师。写作是一件很枯燥也很快乐的事情，很高兴看到他的第二本书出版，让我们对他用独特的视角诠释的《能

力的答案》充满期待吧。

——王念山　职业培训师训练与认证中心创始人　资深培训师

找到自己的问题，解决自己的学习困境，掌握真正有用的模型。《能力的答案》这本书通过案例、工具、模型……分享给你实用的方法，是一本学了就能用的书。在这本书中，何平老师通过多年的研究与实践，告诉你如何构建自己的通用能力思维模型，而这些能力正是未来真正有用的核心通用能力，在任何行业、任何领域均可以引用和发挥作用，值得咀嚼与品读。

——鄢毅　HRace（四川睿华人力资源管理有限公司）重庆区域负责人

何平老师是我的老朋友了，创业这几年他对我支持很大，无论是课程支撑方面，还是人员培养方面，都让我受益良多。这几年我也遇到了很多不同类型的下属，他们共同的问题就是能力不足，离客户的要求还有距离。我也和平老师经常探讨如何提升一个人的学习力，如何提升一个人的综合能力。《能力的答案》的出版对我来说无疑是雪中送炭，使我完善自身和成就下属都有了明确的方向及路径，强烈推荐！

——杨加涛　成都英科瑞思教育咨询有限公司董事长

何平老师是我在培训行业最佩服的老师之一，其超强的自控力、严谨的整合力、永不止步的探索力和知行合一的学习力一直深深地影响着我、激励着我，尤其是他那种谦卑若愚、求知若渴，不断激励其突破前行的姿态，让他的生命总是充满着无限的可能，与他一路同行真是三生有幸！从千百本图书的萃取中，从多少年来对自己的笃定践行中，美妙的领悟都化作了此书的金玉良言。"以学员为中心""以读者为中心"的"利他"式的写作手法，你可以从此书众多的模型之中加以领会，这都是能让各位读者快速理解并方便践

行的、尊重"成人学习规律"的科学技法！如此良心之作，本人强烈推荐，非常值得各位读者认真拜读！

——杨旭　日本产业训练协会"MTP企业中高层管理技能训练教程"
认证讲师

　　读这本书，能感知历经黑夜后通透明朗的曙光，也能体会到在复杂迷宫中摸索后豁然开朗的畅快。这本书既可以被当作一本赋能的书，在你迷惘和无助的时候，助你吸收能量，也可以被当作一本行为指导手册，在你面临重大选择的时候，让你有章可循。总之，《能力的答案》一书，是一本能帮助你实现能力升阶和思维重构的好书。

——袁茹锦　化书成课研习社创始人　《中国培训》"我有好课程"
大赛导师

　　在这个个体崛起的时代，不论你是谁，不论你想做什么，都要具备这本书里提到的六大通用能力，再加上何平老师所讲的进一步把能力落地为实践的模型，使这本书真的太容易上手了，我们一起学习起来吧！

——邹鑫　畅销书《小强升职记》《只管去做》作者

前　言

黑天鹅时代，构建好你的通用能力思维模型

一、黑天鹅时代，应该学习什么

2020 年 5 月，我对一群高速公路收费员展开"终身学习——成就你的未来"培训，随后他们接受为期三个月的转岗培训，很多人眼里满是无奈和彷徨。几年前，他们苦练服务礼仪时，很可能想象不到有一天一个叫 ETC 的东西会横插一杠，抢掉了他们的"饭碗"。其实，其他行业、岗位又何尝没有这种被淘汰的危机呢？

2019 年 5 月，市值 1867 亿美元、全球最大的企业软件公司甲骨文，裁掉了中国研发区的 900 位员工。15 天，这是公司留给这群 37 岁左右的工程师思考未来的时间。从中国研发区高管接到美国总部裁员的消息电话，到能拿到较好离职补偿的最终签字日，只有 15 天。有人戏谑"北京最大的一个养老院倒了"。

这个黑天鹅时代什么都有可能发生，什么都有可能被颠覆。谁能想到有一天计划生育办公室居然会鼓励生育，而城市管理行政执法大队队员又会领到明天要发展三个地摊的任务呢？

黑天鹅时代，唯有变化永不变。那我们怎么办？

"学习！"没错。"学习学习（的方法）"，更好。因此，我在 2019 年年底出版了自己的第一本书——《学习的答案》，帮助大家更高效地成长，以应对变化。

然而这还不够，所谓"学习学习再学习"，那么学习了学习（的方法）之后，还需要学习什么内容呢？

很多人回到了老路上，选择考证与升学。其实我们不妨转换问题进行思考，采取从"我们要学习什么知识"，到"什么方法能普遍适用于任何行业、岗位"，再到"这种方法已经被什么人掌握了呢"的思考方法。想必这种具有普适性的方法普遍存在于那些在职业上各种轮换却依然顺风顺水的人身上，这时候我想到了我的一位偶像，阿诺德·施瓦辛格。

二、阿诺德·施瓦辛格的六大通用能力

说起他，你会想起什么？环球健美及奥林匹亚先生、科幻动作片《终结者》系列主演、加利福尼亚州州长（任期为 2003—2011 年），这是他众所周知的三个身份。他还在军队当过坦克驾驶员，卖过蛋白粉、举重皮带甚至装修房子的石材，做过房产投资，拍过录像带《跟阿诺德·施瓦辛格一起塑形》，也写过健身书……他是如何做到这一切的？在他的自传《终结者：施瓦辛格自传》、纪录片《施瓦辛格的计划》等资料里我找到了答案，原来他养成了以下六大通用能力。

1. 目标

1947 年 7 月 30 日，阿诺德·施瓦辛格出生在奥地利的一个普通家庭。因为从小耳濡目染美国西部片电影、纪录片和教科书上呈现的现代化的美国，施瓦辛格在 10 岁时就立下了要去美国这个强大国家的愿望，而且还很喜欢跟身边人念叨，即使他还不知道如何才能实现。

到了 1962 年，15 岁的他从一本《健身者》杂志中得到了灵感。那本书的封面是系着缠腰布的环球先生雷格·帕克，他突然意识到这是他那年夏天最爱的电影《大力士和女俘》里的那个大力士。杂志里写了雷格的人生故事：

在英格兰的里兹贫穷地长大,成为环球先生,作为健身冠军被美国邀请过去,在罗马扮演大力英雄,迎娶一位南非美人……雷格不在肌肉海滩训练的时候就住在南美。这一系列故事使施瓦辛格的头脑中产生了一个计划:"我可以成为另一个雷格·帕克。"

接下来的一个星期,他把这个计划打磨得更为具体:"**我要赢得环球先生的头衔;我要刷新力量举重纪录;我要去好莱坞;我要成为雷格·帕克。**"接下来几个月内,他床边的墙上已经挂满了肌肉男的照片。其中有拳击手、专业摔跤手、力量举重运动员等。照片中展示最多的是摆着造型的健美者,尤其是雷格·帕克和史蒂夫·里维斯。

然而他的父母却不那样想,母亲期望他成为一个像他父亲一样的警官,娶一个名叫格雷塔的奥地利女人做妻子,生两个孩子,在离家两条街的地方安居乐业。

后来究竟是谁的愿望实现了呢?当然是有坚定、清晰目标的施瓦辛格。他的目标感,他养成的管理目标的能力,在他后来无论是转型成为演员,还是竞选州长,都发挥了极大的作用。

而且施瓦辛格在目标方面绝不因循守旧、放低标准。"不管演什么角色,在镜头前待着总能磨炼演技。但是**我觉得我生来就是要当主角的。我必须登上电影海报,我必须成为那个让电影精彩的人**。当然,在别人听来这些都是疯话。但是我相信成为主角的方法是要把自己当作一个主角来看待,要比别人更努力地工作。如果连你自己都不相信自己,你怎么能说服别人相信你呢?甚至在演《保持饥饿》之前,我也是出了名的经常拒绝电影邀请。"

目标、目标、目标。如果没有目标,我们就像一艘没有方向的大船,在人生的海洋中随波逐流,在家族、环境的旋涡里徘徊不前。

2. 心态

目标很重要,然而有了目标,前进的方向上就都是顺风顺水的吗?绝对不是,你很有可能遭到现实的打击。

能力的答案

20世纪60年代，健美在施瓦辛格的家乡还不流行，其他男孩总是嘲笑他，"算了吧，阿诺，你是在做白日梦""还是放弃吧"。父亲也完全不赞同他的做法，觉得他的做法太丢脸，反复劝说他放弃健身，最后在他18岁的时候，安排他做了坦克驾驶员。

在军队的日常训练中，士兵们需要早上5点起床跑步，每天行军20英里（约32千米），带着武器爬山，清洁枪支，练习射击等，晚上几乎所有人都沾床就睡着，因为实在太累了。这时候一般人要么就按部就班，要么就开始抱怨"为什么我那么倒霉，为什么我的父母不理解我，为什么部队的规定那么苛刻"。

然而施瓦辛格的心态却无比积极，他思考的是"我该如何在军事基地里坚持锻炼"。例如，更早起床做仰卧起坐、俯卧撑、引体向上，利用有限的工具，比如在椅子间做臂屈伸、倒立划船。随后，1965年青少年组欧洲健美先生比赛开赛在即，他请假参赛被拒绝，但是他依然没有放弃，也没有抱怨奥地利军方不准假，而是毅然地偷偷搭乘了7小时火车，偷渡到斯图加特，在现场借别人的泳裤参加比赛，最后幸运地夺得冠军头衔。之后他因此事被拘留，在监狱里度过了24小时，施瓦辛格无怨无悔。

这种积极主动的心态，在他转型成为电影演员的过程中也发挥了重要的作用。刚开始时，电影公司都给予了他同样的评价："听着，你的口音有点吓人，你的身材对电影来说太庞大了。甚至你的名字放在海报上都不好看。你的一切都太奇怪了。"在这些负面因素的打击下，常人早就放弃了。人们认为施瓦辛格固守在已经功成名就的健美行业就好了，何必费力不讨好呢？但是施瓦辛格并没有丧失热情，"我为什么要因为几个好莱坞经纪人的拒绝就放弃自己的目标呢？"他积极思考对策，"那年夏天我给自己安排了消除口音的课程，同时继续上表演课"。在竞选州长时也一样，他没有因为"你开玩笑呢，你不可能赢的，还是放弃吧"等负面因素的打击而停止前进的脚步，而是坚持了自己的目标和计划。

毋庸置疑，积极心态也是施瓦辛格成功的一大法宝。

3. 沟通

你怎么看待健美、健身呢？一般人可能认为健美、健身是一群四肢发达、头脑简单的壮汉搬动铁块而已，其实健美、健身并没有那么简单。它体现了一个人掌控营养摄入、休息调节、训练计划等的能力的高低，甚至体现了一个人的团队打造能力和沟通说服能力的强弱。

在施瓦辛格成为历史上最伟大的健美先生之前，他面临着一个强劲的对手——塞吉欧·奥利瓦——第一个同时赢得"美利坚先生"、"世界先生"、"国际先生"、"环球先生"和"奥林匹亚先生"头衔的健美运动员。为了同这个强劲的对手一决高下，施瓦辛格思考后认为需要一个搭档一起训练，他想到了过去的好朋友弗朗科，而如何让弗朗科跨越千里来到自己所在的城市呢，施瓦辛格决定想方设法劝说他当时的老板乔。

"乔从不为多愁善感买单，所以我跟他谈商业利益。'把弗朗科带来，'我跟他说，'你会牢牢掌控职业健美这个领域，甚至很多很多年！你会拥有重量级举重项目最优秀的大个子（这指的是我）以及轻量级举重项目最优秀的小个子。'我说的的确是铁打的事实，弗朗科绝对是世界最强举重运动员（我说的是真话——他能举起相当于他体重四倍的重量），而且他会为了健美比赛重塑身型。然后我告诉乔，弗朗科是我理想的训练搭档，如果我们能一起训练，我会成为更加成功的明星。最后，我向他保证，弗朗科是一个能吃苦耐劳的家伙，绝不会到加利福尼亚州的海滩上骗吃骗喝。他以前做过牧羊人、砖匠和出租车司机。'他可不是个懒家伙，'我说，'你会亲眼见识到的。'"

沟通中施瓦辛格并没有用自己的需求做陈述——"我怀念我在加利福尼亚州的朋友"，或者"我需要有人帮我训练……"，而是站在对方需求的角度上对乔进行劝说——"你需要优秀的人才，而且这个人非常勤奋……"并且用事实来支撑他的观点，最终老板乔同意将弗朗科纳入麾下，这也最终助力施瓦辛格在1970年连续两场战胜塞吉欧这个最强劲的对手，赢取了"世界先生"健美大赛、"奥林匹亚先生"大赛的冠军。

沟通，显然也是一项非常重要的通用能力。这种沟通能力，让施瓦辛格在各种类型的电影里拍摄得游刃有余，而且成功竞选为当时全美经济实力第一的加利福尼亚州的州长，还能完成连任。

4. 情绪

在迈向目标的路上，一定会遇到困难，除了用积极心态思考出路、用合理沟通赢取合作，还有一点非常重要，就是管理好自己的情绪。施瓦辛格多次运用情绪管理里的"双 A 行动法"将自己从情绪沼泽里捞了出来，而不是躺着什么都不想干，胡思乱想。

1971 年，24 岁的施瓦辛格第二次获得了"奥林匹亚先生"头衔，不过他却收到了噩耗，他哥哥在一场车祸中身亡。这个消息一度让他陷入了情绪沼泽，变得麻木。然而他最终还是振作了起来，决定用行动穿越情绪，让自己把精力集中在自己的目标上。"上学，每天在健身房训练五个小时，当建筑工人，做邮购生意、四处亮相、出席健美展示活动——所有这些同时进行。"

祸不单行，没过多久，他的父亲因为中风去世了。他再次陷入了情绪沼泽，但是他决定"试着继续正常生活下去"，在亲人的相继去世所带来的悲伤中，他觉察到了要照顾好身边人的启示。于是，25 岁的他开始每月给母亲寄钱，并邀请母亲从奥地利搬到美国来。并且每次回到欧洲，他都会去看望他的侄子帕特里克并在创业、求学方面持续地照顾他。

5. 表达

时间来到 1972 年，施瓦辛格已经囊括了三个"奥林匹亚先生"头衔，但是 99% 的美国人对这个世界冠军头衔可以说是一无所知，并且对健美运动有着消极的印象。与其他健美运动员不同的是，施瓦辛格开始思考并推广健美运动。他参与、组织"国际先生"大赛，接受报社采访，参与全国脱口秀节目，写书，录健美录像带，在世界各地做巡回演讲，出任《屈伸》和《健美与健康》杂志的主编并每月撰稿……更不要说你我熟知的《终结者》系列、《真实的谎言》、《野蛮人柯南》、《魔鬼总动员》等电影了。

最终，提到健美你想到的不是他的偶像雷格，也不是他的对手塞吉欧，而是施瓦辛格。他不断对外表达的行为显然给他加了分。他曾经说："无论你的一生究竟干了些什么，推销都是其中的一部分……人能够成为伟大的诗人、伟大的作家、实验室里的天才。但是**如果你能够做世界上最为细致的工作而别人却不知道的话，你就什么能力也没有！**从政治上来讲也是一样的道理：不管你从事的是环境政策或是教育还是经济增长方面的工作，最重要的事情就是让人们知道你的工作。"

那么，你重视表达吗？你会表达吗？

6. 思维

我们再来看看施瓦辛格的思维能力。将《终结者：施瓦辛格自传》整本书看下来，我们会觉得该书内容很生动，很难相信一个1.89米、200多斤的大块头能如此细腻地讲述自己的人生经历。其中，我发现了一个很棒的思维方法，就是不断设问和回答。

例如，他在书中写道："我一直都想成为能够激励民众的人，但是我在任何事情上从来都称不上一个榜样。**我如何能在自己一生中都充满着各种矛盾的事情的情况下成为榜样呢？**我是一个成为美国州长的欧洲人、一个喜爱民主党的共和党人、一个以动作片演员为职业的商人、一个不总是那么自律又颇有成就的自律人士、一个喜欢抽雪茄的健身专家、一个喜欢开悍马车的环保人士、一个喜欢开玩笑且有着孩子般热情却因为拥有终结他人能力而为人所知的人。对于这样的一个人物，别人应该如何效仿呢？"

通过这几个问题，他已经牢牢地抓住了我的思维注意力，让我急迫地想要看下去。这种提出听众关心的问题，然后对应解答的思维方式，在《金字塔原理》这本思维名著里被称为"纵向结构"。

在就职加利福尼亚州州长的演讲中，他同样多次运用了"纵向结构"引导大家的思维。"美国同胞们，对我而言，这是一个了不起的时刻。（隐藏设问 1）想想看，当年那个来自奥地利的骨瘦如柴的孩子成长为加利福尼亚州的政府首脑，并站在麦迪逊花园广场上，代表美国总统讲话。这是一个移民梦，一个美国梦。（回答 1）

"我出生在欧洲，我走过世界很多地方。……有生之年，我永远不会忘记 21 年前我举手宣誓加入美国国籍的那一天。

"你们知道我当时有多么自豪吗？（设问 2）我把一面美国国旗披在肩上，走路。走了一整天。（回答 2）

"今夜，我想说说为什么作为一个美国人我格外自豪？为什么我为自己是一个共和党人而骄傲？为什么我相信这个国家正走在正确的道路上？（设问 3、4、5）……"（之后对应陈述答案）

我不知道他是否读过《金字塔原理》，但显然他懂得运用"纵向结构"的思维方法。

讲到这里，对于"施瓦辛格如何实现人生成功、转型顺利"这个问题，我虽然不能说自己找出了最严谨、全面的答案，但是我敢肯定，以上的目标、心态、沟通、情绪、表达、思维六大能力，确实有力支撑了他前行，也称得上一套有力的通用能力思维模型。这个通用能力思维模型既有内在的修为，又有外在的修炼；既涵盖对事的琢磨，又覆盖对人的探究；既有理性，也有感性。这其实也是作为职业培训师的我，在调研了主流培训课程以及诸多职业规划流派后，得出的个人通用能力思维模型（见图 0-1）。

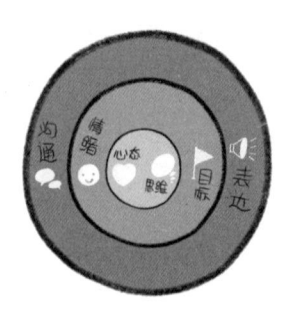

图 0-1 通用能力思维模型

本书六章的内容按照从内到外、从感性到理性的层次展开。第一章讲心态，帮助你在逆境之中积极应对；第二章讲情绪，帮助你走出负面情绪，拥抱好心情；第三章讲目标，帮助你把握方向，实现梦想；第四章讲思维，帮助你清晰地思考，甚至能帮助你引领他人思考；第五章讲沟通，帮助你提升合作效能；第六章讲表达，帮助你更立体地展示你的思想。每章各有四节，分别提供了一个实用的思维模型，共有24个思维模型。

每节我也精心设计。开篇第一段浓缩了本节精华，方便你记忆和回顾。然后全节按"困境、分析、方法、练习"四步展开，遵循了经典成人学习原理——库伯学习循环圈的"体验、分析、理论、实践"四步，帮助你真正实现学习的转化和能力的提升，成为"做到"分子，而不只是"知道"分子。具体来说，"困境"部分，带你亲临问题现场，期望带给你具体的体验，如果能唤起你相关的经历就更好了。"分析"部分，展示了本节思维模型的破题思路和角度，讲解了相应的原理等内容，让你知其然还能知其所以然。"方法"部分，在我的亲身实践、培训课程学习及经典图书的阅读基础上，精炼出了思维模型的具体操作步骤或原则，帮助你构建自己的可执行知识清单（你可在"附录A 全书知识清单"里一览无余）。"练习"部分，给出了易于上手的实践活动，让你行动起来，验证知识对于你是否有效。

三、本书的目标读者

我坚信本书具有极大的价值，同时，我也负责任地告诉大家，本书存在以下三个特点，请各位读者阅读。

1. 你可能看不懂（某些内容）

虽然我尽可能深入浅出地组织了本书的内容，也根据试读反馈意见对本书进行了仔细修订，但不可否认的是，其中有些文字对你来说可能仍然有些陌生。相反，如果你能读懂和理解本书的所有内容，请你一定联系我，你一定是我寻找了三十六年的知己和师父。我还会帮你支付这本书的购书款，因为这本书没有让你接触到新的认知。

2. 你可能觉得（某些内容）不对

你也许会发现有些内容不符合你对这个世界的观察和理解。那其实太好了，一方面说明你很聪明，有自己的独立思考和答案，另一方面也恭喜你，因为你产生了对这个广袤世界的另一种看法。我能保证的是本书的点滴文字，都是写我所做、写我所思，出自我真诚的分享，并无半点捏造。

3. 你可能发现（某些内容）没用

读了无数本书，还写了一本专门讲授学习的书，我最终悲哀而确信地悟出一个道理：读书不一定会让我们变得更好。因为这个世界太复杂，没有什么灵丹妙药能解决你当下的、具体的、个性的所有问题。如果想让自己变得更好，唯一的方法是我们自己改变。书籍只能告诉你应该改变、改变成什么样、如何改变，本书也是这样的。

说到这里，我可以说本书是挑读者的，它是想献给如同你这样努力提升认知、了解未知、变现新知的"三知读者"或者说心到、眼到、手到的"三到伙伴"的读者的。如果你用心观察、用眼发现、用手行动，你会发现本书简直就是为你量身定做的成长词典。

四、如何让本书更好地帮助你

1. 为你所用

如果你要解决当下的问题，哪个模型派得上用场？要如何用？

我的《学习的答案》一书，因为干货满满，被好朋友阿杜感叹是一本"学习"字典。本书则宛如一本"能力"字典，绝不要企图一次性读完，那样阅读既费劲儿也没有什么实际收获，更好的方式是在需要的时候查字典式阅读。

如果你在工作、生活中遇到麻烦了，仔细想想可能是什么问题，然后翻一翻"附录A 全书知识清单"或"目录"，找到对应的模型或方法进行阅读，然后借鉴思考"如果你要解决当下的问题，可以如何做？"，随后努力行动。

相信与草草写一篇读后感比起来，这种学以致用、用以致学的模式将带给你更多的收获。

2. 另有他用

模型可以用在哪些事情上？哪些要素可以组成新的模型？

与其他同类型的书不同，本书没有辩论式的大道理，只有坚实的小行动。每节的思维模型都由可操作的、简约的几个要点构成（一般为三个要点），你完全可以根据自己的具体问题和想法进行创新性的运用，如你可以打散、重组自己的通用能力思维模型。

新型冠状病毒肺炎疫情期间，我在拆书帮成都蜀汉分舵做线上分享，题目叫"疫情来袭我不怕，我有GHK"，针对当时伙伴们被网络上各种负面消息搞得情绪不好的情况，我分享了以下三种方法，帮助大家走出抑郁、埋怨和指责的情绪沼泽。

- Good——正面关注：拥抱小确幸，远离坏新闻，实现积极情绪和消极情绪3∶1的平衡。
- How——积极思考：写出3How改善计划。
- KCF——有效复盘：写出KCF复盘心得。

你会发现以上GHK模型，是本书第二章第二节里的"关注好事"与"杜绝消极"、第一章第一节里的"3How未来法"，以及第三章第四节里的"KCF复盘法"三者组合后的产物。

这样说来，本书又如同化学里的元素周期表，你可以灵活而且科学地取用其中的几种元素，组合成你想要的化合物。千万种变化，就看你如何应用。

3. 分享引用

你要分享这些方法给身边的谁，和他一起成长？

拿到本书，意味着你即将开始人生的一段新旅程，有一个好消息和一个坏消息要告诉你。好消息是这是一次活出更好自己的新旅途，坏消息是新旅途意味着未知，你会遇见未曾见过的风景，也许会触及你内在的恐惧，打破

能力的答案

你现有的关系圈。

我能为你提供的锦囊是,找到支持你的朋友,将学到的新知识与他们分享,当遇到新的困难时与他们相互鼓励。我相信如此这般,艰难会变成谈资,事故会变成故事。

你真的想要在这个黑天鹅时代发展得更好、更从容不迫吗?

如果是,那请你现在就拿出一支笔和一张纸,选出低落时会鼓励你的人、会支持你改变的人和愿意冒着被你讨厌而质问你是否行动了的人。写下至少三个人名,然后约见他们,跟他们聊聊你的目标,然后表达你希望他们在这一路上帮助你的想法,并邀请他们一起上路吧!

写到最后,我发现今天(6月8日)是世界海洋日,今年的主题是"为可持续海洋创新"。在这里,我特别喜欢吴刚老师的比喻:**我们每个人都是一艘船,在生命的海洋里航行,有些人随波逐流,有些人只追逐风向,然而有目标的人,则加足马力,看清地图,乘风破浪。**希望本书能成为你的罗盘和地图,和你一起构建创新通用能力,帮助你更好地、可持续地生活,越来越好!

学习家　何平
凉爽的夏夜成都家中
2020年6月8日

目　录

第一章　心态——选择好心态，犹如升级操作系统 1
　　3How 未来法：解决问题，而非抱怨过去 3
　　RCD 重塑法：超越失败，而非停滞不前 10
　　两见哑铃法：承担责任，而非自断经脉 18
　　DBP 点赞法：发现优点，而非评判他人 25

第二章　情绪——加足情绪汽油，飞驰人生高速路 31
　　前中后看见法：感知情绪，才能管理好情绪 33
　　美好照相机对焦法：关注美好，才能开启好情绪 40
　　强有力河道法：改变信念，才能释放好情绪 48
　　双 A 行动法：采取行动，才能得到好情绪 54

第三章　目标——成功就是你的目标，其他的都是注脚 62
　　TMP 眺望法：明确目标，提前创造你的未来 65
　　3C 合作法：分派任务，聚焦力量发挥长处 74
　　NML 阶梯法：分解任务，站在巨人肩上赶路 82
　　KCF 复盘法：总结成果，伟业必经三次创造 89

第四章　思维——没有什么比一套好理论更有用了 96
　　金字塔八字诀法：记住八字，实现清晰思考 98
　　谁问答换位法：他问你答，实现客户导向 105
　　识矛问答故事法：讲好故事，实现扣人心弦 110
　　13 总分法：凡事只讲三点，实现清晰思路 115

第五章　沟通——你想拥有高效、开放且相互尊重的人际合作吗 124

 MYW 三赢法：明确初心，从一厢情愿到两情相悦 126

 FCFD 冰山法：坦诚交流，从片面表达到全面交流 132

 3R 聚光法：聆听心声，从充耳不闻到感同身受 140

 SYP 嫁接法：三步沟通，从徒劳闲聊到落地成果 144

第六章　表达——每个行业的红利，都向擅于表达者倾斜 151

 图库金字塔视觉法：让抽象思想变彩色电影 153

 职场 PPT 金三角：让徒有外表变回归本质 163

 A11 邮件法：让复杂迂回变简洁顺畅 174

 PLAY 即兴法：让支支吾吾变脱颖而出 180

致谢 190

附录 A　全书知识清单 192

参考文献 199

第一章
心态——选择好心态，犹如升级操作系统

能力的答案

1665年，伦敦爆发鼠疫。据记载，仅在夏季的两个月，伦敦死亡人数就达到了五万，很多死者都来不及被埋葬。在这种情况下，剑桥大学宣布休假。一位23岁在读研究生被迫回到乡下乌尔索普。

这场不期而遇的浩劫，成为这位在读研究生人生乃至人类科学史的一个重要转折。这位在读研究生在一份手稿里说："**这一切都是在1665年与1666年两个瘟疫年份发生的事，在那些日子里，我正处于创造的旺盛时期，我对于数学和哲学，比以后任何年份都更为用心。**"让理科生绞尽脑汁的"微积分、万有引力和光的分析"理论横空出世。是的，他叫牛顿。

2020年1月，新型冠状病毒肺炎疫情的防控措施要求中国人在一段时间内都待在自己家里，人们春节第一次不走亲戚，也没有聚会。这期间你在做什么呢？有些人在恐慌，每天不停地刷手机浏览新闻甚至追逐谣言；有些人在埋怨，每天跟随负能量的言语指责他人；还有些人处于很无聊的状态。赵玉老师戏谑说："以前你们总说，我想写篇文章，还有人想好好研究王阳明，更牛的还有想写书的。总之想干什么的都有，然后抱怨工作太忙没时间。是，我都理解。那为什么现在你们有时间了，却在到处问什么电影好看，在吐槽实在无聊怎么办？"

两者区别的背后，就是这一章要探讨的主题——心态。

什么是心态呢？我特别喜欢以下这种说法："心态，就是指对事物发展的反应和理解表现出不同的思想状态和观点。世间万事万物，你可用两种观念去看它，一个是正的、积极的，另一个是负的、消极的。这就像钱币，一正一反；该怎么看这一正一反，就是心态，它完全决定于你自己的想法。"

这样说来，**良好的心态，就是指能够从正面去看待人或事**。即使我们面前是阴影，我们也依然能够选择转身享受身后的阳光。拥有了良好的心态，你的能量将发挥出更大的价值，犹如你升级计算机操作系统之后，使原有的CPU发挥了更大的作用。

本章将分为"未来、自信、哑铃、点赞"四个主题，帮助你在面对问题、失败、责任和差异时能从正面的角度进行思考，从而拥有好心态，更好地解决问题、超越失败、承担责任、自我成长和接纳他人。

3How 未来法：解决问题，而非抱怨过去

人生重要的不是所站的位置，而是所朝的方向。

——李嘉诚

为了更好地面对并解决问题，我们可以运用 **3How 未来法**。

- How：未来，我如何实现 X 目标？
- How+：未来，我如何做得更好呢？
- How*：未来，我如何做得更好，同时实现 Y 目标？

1. 困境：没有"未来"的公司

有一次，你作为骨干员工参加公司为期两天的半年复盘会。过去的半年因为金融危机爆发，行业及公司受到了很大的波及，你的绩效和奖金相比往年都少了很多。刚走进培训室，旁边的同事来了一句"唉，行情不好，业务都没有，还要耽搁周末休息时间开会"。这让你心情更加糟糕。

第一天由公司副总经理带领，主要研讨公司的现况与问题。"到底发生了什么？这些问题背后的原因是什么？"七嘴八舌之下，大家先是各自抱怨其他部门不给力，最后统一归结到了金融危机。大家表情严肃，会议气氛越来越紧张。"那么多不利条件，公司未来怕是不会有起色了？"你心里泛起了嘀咕，"自己要不要早做打算，更新下简历，准备好换个公司或行业啊？"

第二天，公司聘请的外部培训师来了，他没有让大家继续寻找失败的原因，而是引导大家关注行业、公司里的一些可喜变化，然后让大家思考"如果公司在危机中涅槃乃至明天越来越好，那可能是因为我们做了些什么，那

么我们可以做些什么？"

这个问题彻底改变了会议沉重的气氛，大家从各自的优势和特长与部门职责出发畅所欲言，人力资源部门提到了升级管理思维，营销部门提到了开拓新兴市场，行政部门提到了降低成本……总之，大家发现可以做的事情，还真的不少。最后，会议竟然得出了诸多可以立刻实行的计划，大家看到这些可以改变不利局面的成果后，表情都舒缓了很多，之前那个同事也不禁眉飞色舞起来，连称"有点儿意思"。

这真是一次特别的复盘会。

在人生中取得成功，大家都能欢欣鼓舞，勇于前行。但是在遭遇问题时，你该如何做？也许会陷入消极低落的沼泽不能自拔，或者通过饮酒、视而不见等其他方式来麻醉自己。除此之外，还有其他选择吗？当然有，我们拥有积极主动的选择。

2. 分析：掌控圈与影响圈

请以同一个圆点为中心，画一大一小两个圈。小的称为掌控圈，大的称为影响圈。这时候你会发现所有的事情都可以分为三类，要不它在掌控圈内，要不它在掌控圈外、影响圈内，要不它在影响圈外。例如，作为一个小职员，整理自己的办公桌面这件事在掌控圈内，说服旁边的同事每天整理办公桌面这件事在掌控圈外影响圈内，而希望全公司都按照整理规则管理办公桌面这件事则在影响圈外。

我们在人生中遇见问题时，所涉事情一般不是在掌控圈外、影响圈内，就是在影响圈外。这时候有些人的做法是抱怨自己、他人或社会。而**积极主动的人有更好的选择**，他们会面向未来思考问题：**可以采取行动去影响影响圈里的事情，改善事情；也可以采取行动去接纳影响圈外的事情，改善心情。**

这样的选择会让我们积极起来，赢得人生的主动权。而且更可喜的是，当我们不断行动时，我们就能逐渐提升自己的能力，扩大自己的掌控圈和影响圈，过去做不到的事情也许很快就能被我们影响和掌控。例如，因为我们

第一章　心态——选择好心态，犹如升级操作系统

懂得了如何说服别人，再加上善于整理的能力给自己和公司带来了实际好处，我们逐渐影响了身边的同事，带动了他们积极整理的心态，甚至使公司开始推行 5S 现场管理制度。

同时，即使有些事情是我们仍然无法影响和掌控的，至少我们可以用更好的心境来面对这一切。例如，如果你觉察到"让公司上下都按自己的整理规则去整理办公桌"是一种控制他人的妄想，那就放下这种执念。又如，长假外出遇到大堵车，我们不能立即改善交通，与其抱怨咒骂，不妨自拍两张，一笑了之，在不影响交通安全的前提下甚至可以下车打羽毛球锻炼身体。更好的心境比抱怨咒骂更有益于我们的人生。

总之，我们要做好自己的事，不强求他人的事，接纳老天爷的事。

3. 方法：3How 未来法

3How 未来法（见图 1-1）共有三个层次，能帮助我们的大脑变得更加积极。运用 3How 未来法，面向未来，思考出无数让你行动起来的方法，获得好结果，拥有好心情。

图 1-1　3How 未来法

1）How：未来，我如何实现 X 目标

一般人在面临问题时，往往会通过问"为什么"的方式来埋怨。比如本

章第一节开篇案例中的第一天的复盘会，追问"引发问题的缘由是什么"，其实就是在追问"为什么会发生这一切"，这是回溯过去的思考方式。

我们不推荐这样思考，为什么呢？因为"为什么"通常有种追责的意味，会让大家感到不安，得到的答案，通常就是行业不景气、经济环境不好、别人不配合等，总之这也不对，那也不好，反正跟自己没关系。这些答案会让我们有无能为力的感觉，因为过去的事、他人的事、老天爷的事，是我们无法改变的。我们没有在影响圈内思考，最终无助于我们影响或掌控对应的事务。

例如，当你觉得自己的体重有些超重时，如果你问自己"为什么我会那么胖呢？"你会得到什么样的答案？你首先会感到无奈，然后你的答案无非就是我管不住嘴、我懒、我体质不好一吃就胖、我上年龄了新陈代谢慢了、别人总拉我去吃夜宵、我没有运动细胞，等等，埋怨自己或他人的想法就会越来越多，你的心情也会更加低落。

这时候，我们可以怎样做呢？

首先，就是通过问"How"的方式去思考。例如，第二天的复盘会，大家思考的是"如何迎接挑战？如何做得更好？"，这就是在问"How"。这会打开你的思路，催促你思考解决之道，最后引导你开展行动。

迁移到解决体重有些超重这件事上，我们就可以问自己"我要如何变瘦呢？"请仔细体会，这个问句带给自己的心境有什么不同？是不是比问自己"我为什么那么胖"好多了？

2）How+：未来，我如何做得更好呢

接下来，你还可以问出"How+"问题，比如"我要如何变得更瘦呢？"

这个"How+"问题虽然只着重强调了一个"更"字，但是它隐含了一个很有价值的假设前提：你不算胖，已经是瘦的，再苗条一些就更好了。这种思考会让你感觉更好，愿意接纳现状，并有动力前进。

那么，在第二天的复盘会中，我们便可以追问："过去我们发挥了一些优势，那如何做得更好呢？"

第一章 心态——选择好心态，犹如升级操作系统

3）How*：未来，我如何做得更好，同时实现 Y 目标

最后，你还可以问出"How*"问题："我要如何变得更瘦，同时享受这一过程呢？"这将带来两全其美的效果：在享受而非虐待自己的过程中变瘦。这会扭转你对减肥的恐惧心理，并且创新思考方式。

那么，在复盘会中，我们可以问："我们要如何做得更好，同时部门间、团队间精诚合作呢？"

3How 未来法是不是很简单？坚持使用起来，它一定能帮助你改变心态，从"都是别人错"的婴儿心态发展到"一切在我"的成熟心态。艾琳·莫里根在其所著的《生活教练：七天改变你的生活》中，就分享了一位叫西耶本的咨询者的成功转变。

采访中西耶本表示很厌烦婆婆对自己生活的干扰，声称自己采取了很多种办法，但婆婆依然不体谅她，对她的抗议也置若罔闻，她感到很是沮丧，觉得她们之间的问题解决起来丝毫没有进展。在深入交流中，西耶本逐渐发现自己的潜在信念是婆婆应该为问题负责，婆婆应该改变。

但是，其实每个人都不愿意被改变，除非自己愿意改变。因此，她重新定义了问题，从"我的婆婆为什么总是不断地干扰我的生活？"改为了"我无法在我与婆婆之间设定明确的界限，那我要如何做得更好呢？"，这样就赢取了主动，从被动无力转变为主动将注意力投注在问题的本质上——如何界定并沟通好婆媳界限。于是，她的心态的转变推动了整个事件向好发展。

以往她的婆婆会在某个下午突然造访，那会让西耶本一下午都会被这种突如其来的干扰弄得大动肝火。而在决定转变自己的心态后，她开始用友好而坚定的口吻表达自己的内心想法："我们很愿意见到您，同时突然造访实在不方便。"这是对她们的生活界限的友好申明，虽然她婆婆刚开始有点儿生闷气，但之后慢慢理解了两个家庭之间的界限，整个问题也得到了很好的解决。

这种不纠结过去，注重思考出路的心态，对你有什么启发呢？

4．练习：让你的人生"How"起来

为了帮助你将启发变成成果，我会在本书中为你提供练习实践。以下是一些常见问题和"Why 埋怨"语言，你是否有似曾相识的经历呢？请你先回想当时的你有何感受。

① 出游时突然天降大雨，导致无法游览景点。

Why 埋怨：我为什么那么倒霉？为什么老天总是跟我作对？为什么组织者不能把这一切考虑周全？

② 跟朋友的亲密关系破裂。

Why 埋怨：为什么这一切会发生在我身上？为什么他总是认识不到自己的问题呢？为什么我总是将事情搞砸？

③ 制订了减肥计划却常常被朋友邀约聚会打断。

Why 埋怨：为什么减肥那么难呢？为什么大家不能多为我考虑一些？为什么我总是陷入要不放弃目标、要不得罪朋友的两难境地？

接下来，请挑选其中一个问题，试着用 3How 未来法积极地思考，写下你面向未来的提问。

How：＿＿＿＿＿＿＿＿＿＿＿＿＿＿＿＿＿＿＿＿＿＿＿＿＿

How+：＿＿＿＿＿＿＿＿＿＿＿＿＿＿＿＿＿＿＿＿＿＿＿＿

How*：＿＿＿＿＿＿＿＿＿＿＿＿＿＿＿＿＿＿＿＿＿＿＿＿

你想出解决这些问题的答案了吗？以下是我的答案，你可以用来参考，相信你会有更棒的答案。

① 我如何有创意地度过这样的下雨天呢？我如何设计不受天气影响的出游方案呢？

也许你能找到有创意的出游计划，让下雨天也很有意义，或者制订无须晴天的 B 方案，让出游尽在自己的掌控之中。总之你不该只是生气和埋怨。

② 我该如何改善同朋友的关系？我应该如何做，才能维护我期望的亲密关系？

第一章 心态——选择好心态，犹如升级操作系统

也许你能理解朋友的难处，友善和解，取得双赢。或者更加清晰自己期望的亲密关系是什么样子的。总之，你不该只是责怪他人为什么不按照你的想法和规则行事，那样会让情形更加恶化。

③ 我如何既践行减肥计划，又能够和朋友聚会呢？

也许你能另辟新路，思考出两全其美之策，比如聚会前先进食减脂食物。总之，你不应限于以往的习惯而不思进取，不应顾忌友情而牺牲自己的目标，也不应坚持了自己的目标却破坏了与朋友的友情。

现在请你结合你的生活或工作进行练习，让你的人生"How"起来。首先请写下你在本周内面临的种种挑战和问题，然后挑选其中一个你最想解决的挑战或问题进行如下思考。

① Why 埋怨：我为什么这样倒霉/悲惨？他为什么那样对我？为什么这些事老是发生在我的身上？为什么事情不能如我所愿？

② How 思考：未来，我如何实现 X 目标？

③ How+思考：未来，我如何做得更好呢？

④ How*思考：未来，我如何做得更好，同时实现 Y 目标？

整合出以上四类问题后，请尝试回答，然后体会第一个问题的答案和后三个问题的答案带给你的情绪感受上的不同。

请你在这些答案中，选出一项切实可行的行动，然后思考在什么时候开始行动，并且认真地落实。

以上就是帮助你解决问题的未来模型。祝愿你在生命中平和、勇敢、智慧。

最后，分享《高效能人士的七个习惯》里提到的匿名戒酒组织的鼓励词给你："……请赐我平静的心去接受我无法改变的。请赐我勇敢的心去改变我能改变的。请赐我智慧的心去辨别它们。"

RCD 重塑法：超越失败，而非停滞不前

你无法遏制波浪，但你可以学会冲浪。

——沙吉难陀

为了更好地应对失败问题，我们可以采取 **RCD 重塑法**。

- Recall——回溯：对于我来说，当发生了什么事情时，我会认为自己失败了？
- Criticize——质疑：原有的有关"失败"的定义，在我的掌控范围内吗？有助于我实现目标吗？
- Definition——重塑：我要如何自己定义"失败"？

1. 困境：失败的马云

我们先来看《马云 2017 年马来西亚环球转型论坛演讲》（节选）中的一个案例。

……我不是一个有天赋的人，因为我失败了很多次。我试了 7 年才完成中学、人家用了 5 年，这是很糟糕的。每一个人都试着进大学，进好的中学，但我们都曾失败过，我是失败者中的一员。我想进重点初中、重点高中，但是都失败了，考大学我失败了 3 次，然后申请工作我失败了差不多 30 次。我记得，当我高中毕业的时候，我没考上大学，我想在 KFC 找一份工作，24 个人去了，23 个人被聘用，我是唯一没有被聘用的。

然后我试着去考警察，5 个同学去，4 个被录取，我又是那个没被录取的。当我们开始阿里巴巴创业的时候，我试着去融资，我去了硅谷，和投资人对话，我见了超过 30 个投资人，没有一个人愿意投资给我们。

但是我觉得很有趣的事情是，我们犯了那么多错误，每一次失败，每一次被别人拒绝，我都把它当作一次训练。今天，当有人说，哦，我很失望的时候，我不觉得我是被这个公司拒绝了，我不觉得我失败了。对于我来说，如果被人拒绝，这是很正常的事情，你被别人接受才是并非顺理成章

第一章　心态——选择好心态，犹如升级操作系统

的事情。

当我开始做生意，尝试销售，每天我都给陌生人打电话、出去见客户。出门之前我都告诉自己，我要见12个客户，我都不会有机会赢的。一个机会都没有。然后当我回来，确实没有机会，我说，看，我是对的吧，我就知道没有机会。但是如果我赢得了一个客户，我就比预期做得好。所以每一次，我们犯的每一个错误，都是一个很好的推动我们将来成功的宝库。

有许多关于马云的书，关于阿里巴巴的书，但所有这些书都不是我写的。我不认为我应该写一本书。当有人开始写一本关于自己的书时，那就是他老了，该退休了。

但是如果有一天，我真的想写一本书，书名将是《阿里巴巴和1001个错误》。

当你遭遇失败，这些失败的事情，处于上一节提到的掌控圈与影响圈里的哪一个圈呢？当然处于影响圈之外。因为过去是不能被改变的。

然而我们仍然可以积极主动地应对失败。我们虽然不能改变事情，但可以改变心情。我们可以像马云一样，正确认知失败的定义，从而更加自信、积极地应对失败，勇于前行不退缩。

2. 分析：错误的地图

出行时，你遇到过跟随地图导航走入死胡同的经历吗？这种情况下你肯定立即判断是地图导航出错了，然后掉头尝试走其他的路，而不会在原地钻牛角尖。但是，我们在日常生活、工作中遇到失败时，却不会那样的聪明和变通，反而会要么放弃、要么认为目标不可能达到。这背后的原因是我们太坚信我们的信念了，而不是接受发现的事实。

信念是"事情就是这样"的判断，是我们认为的世界运行的法则，是我们以往亲身经历或课堂教育、父母教导之后的产物，它们有真有假、有好有坏。例如，我们被几个人欺骗，就可能认为人性本恶。上学时每道题都有正

确答案，我们就可能觉得世间难题都有一个完美、正确的答案。父母说无商不奸，于是我们看到有钱人后就可能觉得他们肯定是做了什么坏事或者凭借关系才起家的。

这些信念是真的吗？不一定，它们只是一张"地图"，在某一时间、某些情况下是正确的。当情况发生转变，原有的"地图"就可能失效，并不能代替真实的情况，这时就需要修订"地图"了。比如在地图导航出错后，就需要更新导航地图包。

但是，我们往往很少真正思考人生中的某个定义，然后自己给出答案。就像我们总是让别人决定什么是好的大学、什么是好的伴侣、什么是好的工作、什么是好的人生一样，做决定的不是我们自己，而是父母、老师、朋友，或者铺天盖地的广告，而且我们往往很少质疑和更新这些不是我们自己做的决定下的信念。

因此，我邀请你从今天开始，对于人生中重要的概念（比如失败、成功、幸福……），你要尝试用自己的眼睛观察，用自己的头脑思考，用自己的手行动，然后根据结果自己做决定，不要轻易接受别人的答案。甚至对于这段话，你也要小心求证。

我们应当找到属于我们自己的积极主动的心态，我们要积极起来，必须修正会让自己变得消极的信念。接下来，我们就来看看我们最需要更新的信念：正确定义失败。

3. 方法：RCD 重塑法

RCD 重塑法（见图 1-2）能使我们正确地定义"失败"和更好地应对失败问题。

第一章　心态——选择好心态，犹如升级操作系统

图 1-2　RCD 重塑法

1）Recall——回溯：对于我来说，当发生了什么事情时，我会认为自己失败了

第一步，我们要还原有关"失败"的旧有信念。例如，我们怎么看待失败？当发生了什么事情时，我们会有失败的感觉，我们会给它贴上失败的标签，并认为自己是一个失败者呢？马云的答案很有趣，他认为每次被别人拒绝是一种训练，很正常，并不是一种失败，只是一次错误，而错误可以是座宝库，甚至值得写本书。

马云对失败的看法是不是跟一般人对失败的看法有所不同呢？一般人的消极答案通常是：哎呀，我被人拒绝了，我失败了；我求学不顺利，我失败了；我找工作不顺利，我失败了；我没有找到人投资，我失败了；我没有找到客户，我失败了；等等。于是他们情绪低落，埋怨命运或他人，进而放弃行动。这时候他们就被旧有的"失败信念地图"给困住了。

这里共享一则我的故事。我那一届的成都中考，也许是最奇葩的一次，因为没有考化学。导致高中入学之后，大家都对着化学课本一脸茫然。不久后才发现"大怪"其实还没登场，那就是物理。大家感觉从 Easy 模式一下子就到了 Hell 模式，刚开始时每次上物理课都是云里雾里。不过因为有优等生支撑课堂，所以物理教师对她的教学很有信心，但是对来提问的同学却不太有耐心。

这时就出现了两种人：一种是被教师说了几次"这个知识点还没懂啊"，之后就不懂装懂或不再积极学习了的人，另一种则是一直追着教师问，直到搞懂知识点的人。第一种人是大多数，而我是后者，最后我从学渣一直问成了物理课代表，而且物理课成绩稳定前五，时不时还能得第一，每次物理考试我通常都是第一个交卷。

多数人的想法是"这道题我不懂，我失败了"，"别人都懂了，我还不懂，我失败了"，"老师讲了好几次了，我还不懂，我失败了"，"老师对我的提问不耐烦了，我失败了"。背后的信念是"如果我有不懂的事，或者比别人慢，或者努力了几次还没有成功，或者别人看不起我，我就会认为自己是个失败者"。

2）Criticize——质疑：原有的有关"失败"的定义，在我的掌控范围内吗？有助于我实现目标吗

第二步，我们要反驳"失败无价值"的信念。大家可以看到马云对"被拒绝就是失败"这一"失败"的传统定义是有质疑的，他说："如果被人拒绝，这是很正常的事情，你被别人接受才是并非顺理成章的事情。"

回到我的例子，我的行动之所以跟大家不一样，也是因为我是有质疑精神的，我是这样想的："学习中有不懂的事，不是很正常吗？""在一些事情上不如别人，不是很正常吗？""一件事没有成功，我就再努力几次呗！""别人看不起我，并不代表我真正的价值。"因此，我坚持向教师提问，最终取得了想要的好成绩。因此，要大胆质疑你原有的有关"失败"的信念。

（1）它让你轻松吗？在你掌控范围内吗

往往不是。消极的人会将"失败"定义为发生了不如意的事情。人生不

第一章　心态——选择好心态，犹如升级操作系统

如意之事十有八九，因此我们经常觉得自己失败了，对人生失去了控制，情绪变得非常低落。

积极人士关于"失败"的信念，却是预料"成功路上一定有失败"。马云说："如果被人拒绝，这是很正常的事情，你被别人接受才是并非顺理成章的事情。"这种认知虽然不能改变已经发生的错误，却能改善现在的心境，因为它将错误从意外之事中剔除。那么，再遇到此类事情时我们便会淡然处之。

就像我的好朋友吴刚老师所说，世间的真实是"把一件事做得很糟糕，是把它做成功的必经之路"。凭借天赋一挥而就的成功绝对不是什么了不起的事，而且这种事通常出现在小说情节中。

（2）它让你勇于前行，有助于你实现你的目标吗

往往不是。我们会认为"失败"是坏的，因此有些人会停止尝试，以避免别人批评自己，会对自己说"我没有这个天赋/能力/资格"。有些人会带着阴影和恐惧，凡事小心翼翼，行动之前做过分准备，以避免可能出现的任何失败。这些人都很难或者很慢才能实现他们的目标。

但是失败其实是有价值的。马云在演讲中还提到："是错误使我们与众不同。每一次我们犯错，我们学习，检查自己。其实我们每一个错误、每一次失败都是自己的错。如何改正，如何下次做得更好……我在中国设立的湖畔大学是培养企业家的，我们用的大部分案例都是失败的故事。为什么失败。大多数人都会失败。如同在战场上，生存下来的人才是赢家。所以当你做生意的时候，你得从别人的错误中学习。不要担心大多数错误。你会觉得那个家伙怎么那么傻，他怎么能犯这样的错误。其实你也会犯同样的错误。你会的。所以我努力教我自己。我读过很多很多的案例，人们为什么失败，我不断地意识到，这家伙这么聪明，但是他失败了，为什么我会有机会赢。你了解越多，你越会变得积极。"

首先，失败是成功之母。失败是真实的，会让你警醒。雷军说"只要站在风口，猪也能飞上天"，那么，这只猪会不会将上天的原因归结为自己每天吃

得多，睡得香？我们总是将成功的原因，归结为自己的独一无二和个人能力。其实，很多时候这种认知是虚假的、错误的。而失败不一样，至少它带给你的痛苦是真实的，它更能让你思考事物的原理到底是什么，而不是成功之后的飘飘然或自以为是。因此，当遇到失败时问问自己，你的失败到底告诉了你什么？

其次，失败是"天将降大任于斯人也"的征兆。因为失败可以极大地提升你的能力极限或人生境界。以往我们总是认为一帆风顺才是人生的最大成功。例如，高考达到一本线、大学拿到双学位、到国企工作、郎才女貌，生一个晚上不起夜的天使宝宝、四十岁之前退休，然后做慈善，等等。但现实根本不是这样，多看看人物传记，你会发现凡是人生有杰出成就者，总是会遇到不止一次的大失败。很大程度上可以说，你能接受多大的失败，就能成就多大的成功。

最后，失败是学习必经之路。因为在失败中学习，是最自然的。想想我们孩童时通过无数次跌跌撞撞，才能学会走路。有人说过，"我的成功源自我的经验，而我的经验源自我的每一次失败"。因此，快速行动然后快速失败，接着快速改进，就会快速成长。

阴影背后是阳光，失败背后则往往可以发现意外的价值。还记得我的第一次头马演讲——自我介绍，是在头马思碰（成都第一家中文头马俱乐部）进行的。虽然我通过了考核，但是遭到了点评人从头到尾的批评，这让我感觉有点泄气。但是对于这样的失败，我没有得过且过或者抱怨，而是仔细回顾了生命中包括这次演讲在内的三次失败，随后带来了"永不止步的何平"演讲，大获好评。之后，我成为头马思碰历史上第二位完成 CC 演讲手册的人。更可喜的是"永不止步"成了我的信念。我认为这是世界上最好的信念，它帮助我跨越一切批评和挑战。

3）Definition——重塑：我要如何自己定义"失败"

既然人生中肯定会遇到不如意的事情，特别是在挑战自己能力极限、扩

第一章 心态——选择好心态，犹如升级操作系统

大掌控圈和影响圈的时候，那么，在这种情况下我们要如何才能立于不败之地呢？

第一，像马云一样把所谓的失败看成一次错误。错误是可以被修正的，只是暂时没有找到解决方法，而不是永远的不可能。詹姆斯·卡斯在《有限与无限的游戏》中向我们展示了世界上两种类型的游戏：有限的游戏和无限的游戏。有限的游戏，其目的在于赢得胜利；无限的游戏，旨在让游戏永远进行下去。高考是一次有限的游戏，人生却是一场无限的游戏。你这艘大船千万不要龟缩在港湾，虽然很安全，但绝对不是你人生该有的模样。

第二，像马云一样把所谓的失败看成一次学习，如果能学到东西，就不是失败。不是赚到，就是学到，要努力从不如意中获取经验和教训。

第三，把所谓失败看作成功的序曲。还记得"失败是成功之母"这句老话吗？遇见失败，意味着靠近了成功。

错误、学习、序曲，就是我对失败的理解。然而不管你怎么看，请你把握最核心的一点，那就是：**真正的失败，只有一种，那就是放弃**。当我们面对失败时选择了屈服，那我们就真正失败了。

4. 练习：永不失败

调整"失败"的认知，并非一日之功。我们可以先从语言上进行调整。请你阅读以下语句，从中选择 3 条喜欢的，抄写在便利贴上，然后贴在自己的办公桌上。每当你遭遇让你垂头丧气的失败时，就一字一句地重复 3 遍。

- 当我意识到失败只是成功的弯路时，我就已经成功了一半。
- 跌倒不算是失败，爬不起来才算是失败；行走不算是成功，只有坚持不懈才算是胜利。
- 许多次失败总会造就一次成功。
- 那些尝试去做某事而失败的人，比那些什么也不尝试的人不知要好上多少倍。

- 失败带给我的经验与收获，在于我已经知道这样做不会成功，所以，下一次我可以避免犯同样的错误了。
- 没有失败，才是人生最大的失败。
- 失败只是一个反馈，只是得到了一种未曾期望的结果。
- 失败是停下脚步，承认比赛结束，而成功则是永不止步。
- 所谓的失败是不可避免的，那为何不把它定义为正常呢？
- 今天是崭新的一天，过去的都过去了。
- 我们无法改变过去，无法改变现在的结果，但可以决定未来的方向。
- 想要卓越，必须经历失败。
- 失败只是在提醒我们需要改变目前的做法，以便得到我们期望的结果。
- 人生重要的不是现在的位置，而是你朝向的方向。

以上就是帮助你超越失败的自信模型。最后，我们以马云的话来结束本节："我发现成功的人都拥有充满魅力的性格。……他们乐观，他们从不抱怨。如果你不乐观，你就没有机会赢了。……我发现我的很多高中、大学朋友，这些年我遇到他们，唯一的发现是，他们总是在抱怨。……我认为世界变化如此之快，我们无法阻止。这是最好的时光，也是最糟糕的时候，都取决于你的态度。"

两见哑铃法：承担责任，而非自断经脉

不要问国家能为你做什么，而要问你能为国家做什么。

——约翰·肯尼迪

为了更好地承担责任，我们可以采取**两见哑铃法**。
- 远见：1年、5年、10年、20年、30年后的自己，会是什么样子？
- 高见：比我层次高的人，会怎么想、怎么做？

第一章 心态——选择好心态，犹如升级操作系统

1. 困境：职场"怨妇"

我们首先以《个体赋能》（节选）中的一个故事为案例。

职场"怨妇"

功爷是我打小就很要好的朋友。

之所以叫"功爷"，是因为他从小学一年级开始，学习非常用功。大学毕业后，他去了一家民营公司工作，整天都很忙，平日下班叫他出来吃饭，他都很少有空。

用他的话来说就是："加班才是我的生活。"

但是大半年后，功爷的画风就变了，开始跟我们抱怨："我努力工作了大半年，公司却一点工资都没给我加……"

然后，不知从什么时候起，他就成了祥林嫂，每次跟我们聊天都不断地重复："这工资实在太低了！"

"工作能拖就拖吧。"

"唉，又加班……"

三四年后，一起玩的几个朋友中有工资翻了两番的、有担任财务经理的、有自己创业成功的，就功爷的工资变化不大，各种抱怨也几乎没变。

每次跟他建议："你这么不满意，干脆就跳槽呗。"

他又说："哪有这么容易，我现在这个水平，去哪儿还不是都差不多。"

作者说："功爷是个好同学，人踏实、肯吃苦，作为他的发小，我是知道的。但为何这么好的功爷却成了职场'怨妇'呢？"

你知道原因吗？你身边有功爷这样的人吗？功爷这样的人的心态到底出了什么问题呢？

2. 分析：能力循环圈

功爷成为职场"怨妇"的背后的原因其实很简单，那就是他陷入了能力恶性循环。能力成长有两种循环，分别是良性循环和恶性循环。前者的路径是"承担更多责任—得到更多锻炼—能力提升—收入提高"，后者的路径是

能力的答案

"抱怨更多责任—失去很多锻炼—能力降低—收入降低"。

所以，我们发现成长的核心在于承担责任，也就是负责。如果你能负起更大的责任，你将成就更伟大的人生。

"With great power comes great responsibility."（能力越大，责任越大。）这是《蜘蛛侠》电影的经典台词。第一部《蜘蛛侠》讲述了主人公彼得·帕克是一个高中生，有一次被一只变异过的蜘蛛咬伤，从而获得了超能力。他不知道如何使用自己的超能力，没有去承担与超能力匹配的更大责任，只觉得超能力是他赚钱的工具，用它来赚些小钱。他去参加摔跤比赛，用自己的超能力打败了强大的对手。但是比赛主办方却拒绝向彼得支付 3000 美元的奖金，彼得因此怀恨在心，随后放走了从主办方办公室逃走的强盗。不曾想到的是，正是这个强盗在路上杀害了抚养自己长大的叔叔。彼得在巨大的悲痛中迎来了自己的毕业庆典，身边却没有了叔叔的见证。

他坐在自己的房间里，挂着眼泪，回想起叔叔曾经告诉他的最后一句话"能力越大，责任越大"，当时他不以为然，现在悔恨不已。他决定把这句话牢牢记于心间，最后真正地明白了作为蜘蛛侠的责任，发誓要用自己的超能力打击犯罪，保护市民。

真正的蜘蛛侠是什么时候诞生的呢？并不是帕克获得超能力的那一刻，而是他勇于承担责任的那一刻。 这样说来，只要你愿意承担超级责任，你也可以成为超级英雄，因为超级英雄的"超级"并不是指英雄本身具有的超能力，而是指他们身上承担的超级责任。

不是你有力量了才能改变世界，而是当你开始改变世界时，你就逐渐拥有了力量。只要你意识到这一点，你就不会对所谓的"吃亏"耿耿于怀，而是会怀着"吃亏是福"的心态积极付出。

3. 方法：两见哑铃法

那要如何承担更多的责任呢？你需要穿越时间和角色，实现"两见"，并采取行动。两见哑铃法如图 1-3 所示。

第一章　心态——选择好心态，犹如升级操作系统

图 1-3　两见哑铃法

1）远见：1 年、5 年、10 年、20 年、30 年后的自己，会是什么样子

首先，你要穿越到未来，不要将自己的眼光局限在当下。罗永浩曾说过一句话："通往成功的路上，风景差得让人只想说脏话，但创业者在意的是远方。"换言之，如果你的眼睛只盯着脚下，难免会因为泥泞的道路而泄气或烦躁。就如功爷觉得"我努力工作了大半年，公司却一点工资都没给我加……"一样。

这时候我们关注的不应该是当下工资的增长，而应该是未来可以收获什么。这种时间上的穿越，我们称之为远见。"1 年、5 年、10 年、20 年、30 年后的自己，会是什么样子？"

相信极少人会说"我就保持现在这个样子就好了"，大家肯定都希望自己越来越好：收入丰厚、时间自由、工作地点离家近，等等。但是我们有没有想过，要得到这样的报酬，我们需要匹配什么样的能力呢？如果你是老板，你来发工资，你会给什么样的人以如此丰厚的报酬呢？

我们来看看张一鸣的做法。作为 1983 年出生的人，张一鸣是今日头条、字节跳动公司的创始人、首席执行官（CEO），坐拥 950 亿元身价。在"2016

今日头条 Bootcamp"上,他向应届毕业生发表了题目为"Stay hungry, Stay young"的演讲。其中,他是这样提到自己毕业之后的成长经历的。

"我做事从不设边界。2005年,我从南开大学毕业,加入了一家叫酷讯的公司。当时我负责技术,但遇到产品上有问题,也会积极地参与讨论、想产品的方案。很多人说这个不是我该做的事情。但我想说:你的责任心,你希望把事情做好的动力,会驱动你做更多事情,让你得到很大的锻炼。我当时是工程师,但参与产品的经历,对我后来转型做产品有很大帮助。我参与商业的部分,对我现在的工作也有很大帮助。

"记得在2007年年底,我跟公司的销售总监一起去见客户。这段经历让我知道:怎样的销售才是好的销售。当我组建今日头条,开始招人时,这些可供参考的案例,让我在这个领域不会一无所知。"

就是凭借这样的远见,他工作前两年,基本上每天都是十二点、一点回家,回家以后甚至还继续工作。虽然一开始他只是一位普通工程师,但是在第二年,他就开始领导四五十个人的团队。

相反,"我有个前同事,理论基础挺好,但每次都是把自己的工作做完就下班了。他在这家公司待了一年多的时间,但是从不去了解网上的新技术、新工具,所以非常依赖别人。当他想要实现一个功能,他就需要有人帮他做后半部分,因为他自己只能做前半部分。如果是有好奇心的人,前端、后端、算法都去掌握,至少有所了解的话,那么很多调试分析,自己一个人就可以做。"

在演讲中,张一鸣还号召优秀的同学要"不甘于平庸",设定更高的标准。"不是一毕业只把目光设定在北京市五环内的一个小两居、小三居,把精力都花在这上面,那样你只会做一些没有技术含量的兼职,(只会想着)快点出钱赚首付,影响你的职业发展和精神状态。"

张一鸣承担了促进自己成长的责任,不断付出与学习,就像不断利用哑铃的压力锤炼自己的肌肉一样锻炼自己。虽然当时肯定有点儿辛苦,但是对

第一章 心态——选择好心态，犹如升级操作系统

于未来的收获而言，这些辛苦又算得上什么呢？

2）高见：比我层次高的人，会怎么想、怎么做

其次，我们还要有高见，也就是你要穿越到（站在）你上级乃至你上级的上级、你公司的董事长、你未来想成为的那个人的层次上思考。这样你自然会发现他们比现在的你承担了更多责任，而你要做的是尝试承担起同样的责任，只要你能承担起同样的责任，你自然也将得到相应的回报，无论是能力还是薪资。

被誉为"华人管理教育第一人"的余世维先生，是如何年纪轻轻（38岁）便当上了日航台区副总经理的呢？在《有效沟通》讲座里，他讲述了背后的故事。当初他只是一个货运部督导，有一天他们的支店长（分公司总经理）找到他说："客票部的梁小姐最近身体很不舒服（因怀孕身体反应很严重），你可以顺便支持支持，帮他们开开客票。"虽然他每天忙于做货运，而且对开票不太懂，但是他回复说："没问题。"当时说得很轻松，其实他后来额外地在家辛苦学习了近一个星期的开票，就开始承担起开票的事情。他开始站在更高的管理者角度看待责任和承担责任。

没过多久他们机场的王主任调任台北，支店长又告诉他说："机场最近很忙，临时还没有派人，你可不可以偶尔晚上去机场帮忙做做包机啊？"他又说没问题，就到机场帮忙了。甚至后来他太太生小孩的当天，也没有耽搁工作上的事。那天上班当中才得知太太偷偷到医院生产，而他做完里事才冲过去照料太太，结果发现孩子都已经出生了。等把太太送到好一点的病房后，他又返回公司做起打电报工作。结束工作后再赶回医院时，天已经亮了。

第二天有人向支店长说了这件事，支店长问他："有这回事吗？"他马上说："航空第一。"虽然那是一句苦在心里的官方话，但是在日航的这十年，不管上司安排什么事给他，他真的都积极承接，拼命工作，甚至还得到了"做事情像我们日本人一样（拼命、认真）"的赞赏，后来，支店长也调到台北去了，他就升上去了，因为客票、包机、货运、仓储各方面他都懂行。毕竟他

都做过，也承担过相应的责任。

余世维先生最后说："我们都当主管，你丢个任务给底下，他毫无怨言地接起来，你会觉得心中既感激又难受，将来会想办法补偿他，这就是他的机会了。"

讲到这里，你会发现本节开篇所讲的功爷其实就是没有做好这两种"穿越"。第一是没有穿越到未来的时间，去看待当下加班的价值，第二是没有穿越到更高的层次，去承担能带来更多工资收入、实现更高能力成长的责任。也就是说功爷既没有远见，又没有高见。

4．练习：穿越画布

请你拿出一张 A4 纸，画出你的"穿越画布"。首先横放纸张，在中心写下"我的穿越画布"，然后从中心画出左右各两条延伸出去的线条。

在右边第一条线条上，请写下 5 年后你想达到的高度。例如，成为什么样的人？担任什么样的职位？有什么样的能力？因为做过什么事情而具备这样的能力？在右边第二条线条上，则以此类推写下 10 年后你想达到的高度。

在左边第一条线条上，写下你对"如果你是老板，你会雇用什么样的员工？"的思考。

在左边第二条线条上，写下"鼓励"性的语句。在肩负责任、成长自己的过程中，肯定有些辛苦，那么想象一下，未来的自己，会给现在的你说些什么鼓励的话呢？

以上就是帮助你承担责任的哑铃模型。武志红老师讲过一篇著名的成长寓言故事："做一棵永远成长的苹果树"。一棵苹果树第一年结出了 10 个苹果，之后被分走了 9 个。苹果树因此愤愤不平，于是第二年只结出了 5 个苹果。这棵苹果树与其愤愤不平而第二年只结出 5 个苹果，不如选择结出 100 个苹果、1000 个苹果，因为"其实，得到多少苹果不是最重要的。最重要的是，苹果树在成长！……成长是最重要的。"

第一章 心态——选择好心态，犹如升级操作系统

DBP 点赞法：发现优点，而非评判他人

佛言：睹人施道，助之欢喜，得福甚大。沙门问曰：此福尽乎？佛言：譬如一炬之火，数千百人各以炬来分取，熟食除冥，此炬如故；福亦如之。

——《佛说四十二章经》

为了更好地面对差异、发现优点，我们可以采取 **DBP 点赞法**。

- Difference——发现差异：对方和我有什么不同的做法？
- Benefit——挖掘价值：这种不同背后有什么好处？
- Praise——随喜点赞：我要如何给对方鼓励？

1. 困境："抠门"的同事

以下是《DISCOVER 自我探索》（节选）案例的一部分。

对待差异的三个阶段

我们对待差异的态度有三个阶段，第一个阶段叫忍受，第二个阶段叫接受，第三个阶段叫享受。

……你了解一个人的程度越高，你就越能够体会到由忍受到接受再到享受这个过程的乐趣。

……我曾经的学员的公司里有一位同事，有个很有趣的现象，每次大家一起吃饭，一到买单的时候，他不是去接电话，就是去洗手间。（假设我就是这位学员，我就用第一人称来陈述这个故事。）我们可能都不太喜欢这位同事，但是因为大家在同一个部门，要一起活动，所以还是得勉为其难，这是第一个阶段，叫忍受。

后来我们开始慢慢了解他家里的情况，发现他家里的经济条件并不是那么理想，他自己要承担很多的责任，肩上的担子很重。虽然我们还是不喜欢他，但是至少我们能够接受这个行为，大不了有的时候我们组织的非正式聚会，不要请他，以免扫到大家的兴致，这是第二个阶段，叫接受。

再到第三个阶段，领导交给我一个任务，说我们马上要做一个项目，质量要有保证，但是一定要控制成本，一定要把每一块钱都给省出来。因为我习惯了采购高价格和高品质商品，没有特别强的成本控制意识，所以这个时候我有点儿苦恼，因为我掌握的渠道资源供应的大部分是价格比较高的商品，虽然质量很好。这个时候他跑过来说："张姐，我能帮你什么吗？"我就跟他讲："哎呀，我要去谈这个东西，真的挺难的，也不熟，要不你帮一下我？"于是，他去帮我谈，别说一块钱，他一分钱都给我省出来了。谈完了之后，我把这个项目交给老板，老板看完之后非常满意，说做得不错。这个时候我一拍腿说：幸好有他。从忍受开始，然后是接受，最后是享受。

你身边有跟你不同的人吗？你对他们有什么看法？其中有没有一些人，认识的久了，你对他们的看法会随之改变？

2. 分析：评判的小我

我们通常习惯于评判他人，认为他人不对。这背后的原因是，我们往往身处小我，仅仅从自己的小小的视角出发去看待世界。

在自己的小小的视角下，我们有着自己的三观和道德标准，通常用对错、好坏的简单二分法来看待世界。如果一个人的行为不符合我们的价值观，那他就被看作不道德的或邪恶的，就如《非暴力沟通》作者所讲："我从小就学着以貌似客观的语言表达自己。一旦遇到不喜欢的人或不理解的事，就会想别人有什么不对。如果教师布置的作业我不想做，那他（教师）就'太过分了'。如果有人开车横冲到我前面，那他就是'混蛋'。"

其实每个人的行为背后都有他们自己的故事，体现了他们自己的人生的合理性。迪斯尼 1959 年的动画电影《睡美人》，讲述了小公主爱罗拉如何被诅咒，而后被王子用真爱之吻救醒的故事。

爱罗拉在出生时被黑女巫梅尔菲森下了诅咒，会在 16 岁生日之时被纺车针刺死，无奈之下，前来庆贺公主诞生的仙子极力将死亡魔咒改为沉睡之咒，除非公主得到王子的真爱之吻才能醒来。随后，虽然国王下令将全国的纺车全部销毁，但仍然未能避免诅咒的应验，公主因此长眠不醒。最后，与公主互生情愫的菲利普王子为爱披荆斩棘、克服万难、打败梅尔菲森，登上塔顶用真爱之吻破解了公主的魔咒。可以说同大部分好莱坞电影相似，主角都是刚正不阿无所争议的英雄，然后对抗邪恶的对手、危难关头拯救全世界，皆大欢喜。

然而所谓的反派，从始至终都是邪恶的吗？2014年出品的《沉睡魔咒》，从黑女巫梅尔菲森的角度揭秘了她的成长经历。她原本是一位美丽纯洁、拥有翅膀能够飞翔的年轻仙子，生长于宁静祥和的森林王国。然而森林王国突遭人类军队侵袭，她还遭受了情人的无情背叛，从此她的心灵开始变得冷酷，脑海中只剩下复仇的念头。于是，为了报复，她给人类国王的女儿爱罗拉公主施下了魔咒。如果是你遭受了这一切，你能抑制心魔，放下屠刀吗？

从小我世界中走出，拥抱更大的世界，是一件非常不容易的事，但至少我们可以先明白"世间每个人都是不一样的"。正如菲茨杰拉德在《了不起的盖茨比》开篇所说："我年纪还轻，阅历不深的时候，父亲教导过我一句话，我至今还念念不忘。'每逢你想要批评任何人的时候，'他对我说，'你就记住，这个世界上所有的人，并不是个个都有过你拥有的那些优越条件。'"

3．方法：DBP点赞法

为了走出小我，我们可以换位思考，毫不吝啬地给他人点赞。DBP点赞法如图1-4所示。

图1-4　DBP点赞法

1）Difference——发现差异：对方和我有什么不同的做法

第一步，我们要睁开双眼、打开耳朵，发现那些他人与我们不同的行为事实。例如，本节开篇"吝啬"的同事，跟"大方"的大家不同，会通过接电话或去洗手间的方式避免支付账单。

切记要用具体的名词、动词去描述彼此做法的不同，而不是高度概括，用形容词去统称。例如，《非暴力沟通》里登载的鲁思·贝本梅尔的这首歌就体现了事实观察和形容词评论的区别。

我从未见过懒惰的人。

我见过。

有个人有时在下午睡觉，

在雨天不出门，

但他不是个懒惰的人。

请在说我胡言乱语之前，

想一想，

他是个懒惰的人，

还是，

他的行为被我们称为"懒惰"？

2）Benefit——挖掘价值：这种不同背后有什么好处

第二步，我们要思考那些与我们不同的行为，背后会为我们带来什么好处或价值？

我们可以这样思考，"吝啬"的同事善于控制成本，而且即使他承担了很多的家庭负担，仍然愿意和大家一起出去吃饭。虽然他一次都没付过账，但是他的内心可能还顾及团队的氛围，他是在平衡支出和团队情谊。因此，平衡的特质可能带来的价值是在资源有限的情况下最大化收益。

再举一个我的例子，我是一位深思熟虑的思考者，以做事严谨、不出错自傲。最开始时对他人会出点小错的工作成果嗤之以鼻，但是后来我发现虽

第一章 心态——选择好心态，犹如升级操作系统

然他人会出点小错，但是他人快速行动的特质是我不具备的。他们行动更快，修正更快，往往更符合领导对工作的期望：完美程度上做到 6 分就行了，速度上需要 9 分。而我做的是完美程度上达到了 9 分，但速度上只能做到 6 分，反而不符合领导对工作的期望。于是，我看到了他人会出点小错的工作的价值：速度。

3）Praise——随喜点赞：我要如何给对方鼓励

最后，如果发现了对方的优点，就亲口告诉他，或者默默在心里点个赞。

2018 年我成为五维教练领导力认证讲师，在课程学习中有一个活动最受大家欢迎，叫作"发现他人的卓越性"。这个活动需要我们每个人拿起笔记本，现场走动起来，两两交流，分享对方的优点。具体说就是让对方告诉你当他见到你时想到的三个正向词语，同样，将你见到他们时想到的三个正向词语告诉他们，最后由自己写下对方讲的词语。

陈序老师在活动开始前幽默地说："时间结束我叫停的时候大家一定要停下来，怕你们太上瘾。"最后也果真如此，无论是复训，还是我自己在课堂中多次组织这个教学活动，都会发现大家那种高强度学习的紧绷表情舒展开了，他们不自觉地流露出微笑，现场洋溢着温暖的高能量，即使课间休息，大家也舍不得上洗手间，乐此不疲。

最后做总结时，我们不仅能发现自己以往知道的自己的优点，甚至还能看见未曾看到的优秀的自己。而我们送给他人的赞美，往往也代表着我们自己的优点，因为只有自己看到、自己欣赏的方面，才能被自己看见，并送出祝福。因此，良好的心态，莫过于在他人身上发现优点、送出祝福，这样反馈回来，你就能深入挖掘自己在该优点上的潜力，增强自己在该优点上的能量。

4. 练习："找不同"调查报告

请你将工作中互动最多的五位同事的名字写下来，问问自己最喜欢谁，最不喜欢谁，这是第一步。

接下来一周你要像一个侦探一样进行调研，写出报告。对于那个你最喜欢的人，你要思考他身上有什么优点是你也具备或正在努力养成的。对于那个你最不喜欢的人，你要努力寻找他的优点在哪里。

如果合适的话，请将你的"优点报告"分享给对方。"××，想跟你聊聊我最近看了一本叫《能力的答案》的书的收获。其中我做了一个榜样学习活动，我发现你会××（描述自己观察到的对方的具体行为），让我感觉到××（描述自己的积极情绪），相比于其他人，我想××优点是你的卓越之处，给你点赞、向你学习。"

强烈建议你试试，相信这种"找不同"调查报告会增强彼此的情谊，就像毛主席说的"要把我们的人搞得多多的，把敌人的人搞得少少的。"

以上就是帮助你发现优点的点赞模型。

最后，分享一条金句给你："让我有一颗柔软开放容易感动的心，能够接受别人的痛苦和快乐……不管怎么样，他也和我们一样渴望圆满与被爱……我看到每一个人都是独一无二的完美存在，每一个人都是圆满俱足的珍贵宝藏。"

本章尾声：

用一句话总结"心态"，那就是"问题是机遇，失败不言败，责任是成长，差异会获益"。

祝愿你在任何情况下，都能正面地、积极地看待你所处的境遇，选择最利于你成长和让这个世界更美好的路，永不止步地前行。

当我们有了好心态，就可以充满能量、一路前行了吗？不是的，你还需要调试你的情绪，让它成为你赖以在人生道路上"驱车前行"的"汽油"。请翻开第二章，开启你的"情绪"升华之旅吧。

第二章
情绪——加足情绪汽油，飞驰人生高速路

能力的答案

> 我们过于强调以智商为衡量标准的纯粹理性在人类生活中的价值和意义。不管怎样，当情绪占据支配地位时，智力可能毫无意义。
>
> ——丹尼尔·戈尔曼，《情商》

在刺眼的阳光下，小明逐渐醒了过来，一件好事和一件坏事接踵而至。好的是多日阴雨天气终于转晴了，坏的是他忘了定闹钟，起床晚了半小时，这意味着他必须尽快出门，否则上班一定迟到。

匆忙中，小明没能察觉到自己的情绪变化，想到要迟到，他不由得一边刷牙，一边埋怨自己：怎么定闹钟那么点小事都做不好，已经不是一次两次了，迟到了又要扣工资，别人会怎么看我，而且一屋不扫何以扫天下，准时起床都做不到，其他大事情还能做得好吗？小明越想越生气也越着急，一不小心碰落了水杯，杯子在一声清脆响声之后摔得粉碎，他在弯腰收拾的时候又划伤了手指，赶紧去拿创可贴，结果腿又撞到了柜子上，伴随着一阵钻心的痛，小明忍不住咒骂：真是糟糕透顶的一天。

然而这一天真的糟糕透顶吗？在传说中的平行世界里，也许是另外一种应对方式。醒过来的小明，看着闹钟上一分一秒消逝的时间，深呼吸了几下，感觉到了自己懊恼的心情，但是他这样想："嗯，我自己没定好闹钟，我有点生气。不过，多睡了一会儿也不错，我现在精力充沛多了。如果抓紧时间，我可以准时到达公司的。"

想到这一切，他感觉好多了，刷牙时他注意到了窗外的阳光，"哇，没有在下雨啦，今天真是开始走运的一天"。早饭是没办法在家吃了，他决定立即出门，同时给同事小丽打了个电话："上次你提到公司楼下新开的包子铺的包子味道不错，能不能帮我带份早餐？"

在这两个世界里，很多事情是一样的：闹钟没响、阴雨转晴、精力充沛、迟到风险。但是因为应对方式的不同，结局迥然不同，前者很可能饿着肚子、带着伤、气鼓鼓地迟到，后者则能够准时到达公司，还能吃上美味早餐。

第二章　情绪——加足情绪汽油，飞驰人生高速路

应对方式的不同，就是你情绪管理能力水平高低的表现。

在我看来，**情绪是一种能量**，而好的情绪管理就是能正面引导你的内在能量。这里所指的正面引导，并不是指对负面或不需要的情绪部分进行否认、压抑，否认、压抑反而会形成一种压力，很可能引起反弹，就像你强行节食，会使蛋糕"变得"更美味一样。

本章将围绕看见、对焦、河道和行动四个主题展开论述，每个主题展开一个小节，帮助你更好地管理情绪，掌控当下的情绪状态，而非陷入情绪沼泽而不自知；帮助你将注意力聚焦在正面的部分，而非一味贪吃垃圾食品或情绪食品；帮助你拥抱更好的信念，而非固守非理性教条；帮助你用行动穿越情绪，而非被动地被情绪摆布。

现在就让我们深入阅读本章，看看"第二个世界"里的小明是用了什么有效的方法管理自己的情绪的，这些方法又能怎样帮助你管理情绪。

前中后看见法：感知情绪，才能管理好情绪

人生好比客栈，每个早晨都有新的客人。喜悦、沮丧、卑劣、一瞬间的觉悟，都是意外的访客来临。欢迎并热情招待每一位客人！

——鲁米，《客栈》

为了管理好情绪，我们首先要使用**前中后看见法**。

- 事前建档：我经历过哪些情绪事件？
- 事中感知：通过三次深呼吸，我发现我的身体和语言对我说了什么？
- 事后反思：从设身处地之外看，我有什么情绪产生呢？

1. 困境：陪葬的公交车

2018年10月28日，重庆市万州区一辆22路公交车在途经万州长江二

桥时突然坠入江中。截至 11 月 1 日报道，事故造成 13 人遇难，仍有 2 人失联。奇怪的是当时天气晴朗，桥面也平整无坑，事后检测显示车辆也一切正常。到底是什么原因造成了这一起惨痛的灾祸呢？综合调查走访情况与提取到的车辆内部视频监控，最后发现是乘客与司机激烈争执、互殴造成的。

途中乘客刘某因未留心而坐过站，要求下车，但因该处无公交站点，驾驶员冉某拒绝停车。而后刘某情绪失控，继指责争吵之后，两次持手机攻击正在驾驶的冉某。冉某遭遇攻击后，未采取停车等安全措施，而是用手格挡刘某攻击，同时放开方向盘还击和抓扯，最后导致车辆失控向左偏离越过了中心实线，与对向正常行驶的小轿车相撞后，冲上路沿、撞断护栏后坠入江中。

一场小纷争，十余人"陪葬"。教训惨痛，令人唏嘘。难道刘某不知道攻击司机会导致行车危险吗？难道冉某不清楚安全驾驶规定吗？都不是，实在是它们没有管控好各自的情绪。

你有没有大脑空白、失去理智的时候呢？那时候我们的大脑里到底发生了什么？

2. 分析：三脑原理

神经科学领域专家保罗·麦克林博士，在 20 世纪 60 年代提出了"三重脑"理论。按照进化史上出现的先后顺序，这个理论将人类大脑分成"爬行动物脑"、"古哺乳动物脑"和"新哺乳动物脑"三大部分。根据各自特点，这三大部分大脑又被称为"爬行脑""情绪脑""理智脑"。爬行脑位于大脑的最里层，是最古老的一层大脑，为我们和其他动物所共有，它的主要功能是保证身体的安全。因此，当你感到恐惧时，爬行脑就会被激活，自动做出战斗、逃跑或呆滞的反应。

在脑干以上、中间一层是边缘系统，也即情绪脑，控制着人的情感、性欲、饥渴和记忆。最外面一层是理智脑。两者的关联是：在情绪脑没有得到满足，或者情绪脑觉得缺乏安全感的时候，理智脑是不会启动、发挥

第二章　情绪——加足情绪汽油，飞驰人生高速路

作用的。例如，一个人在他的观点被否认，或负面情绪没有得到认同，或感到不安全时，他是很难理性思考或者接纳某人建议的，因为他这个时候激活的是战斗或者保护机制。

而在此次重庆万州公交坠江事件中，刘某和冉某很大程度上就经历了理智脑关闭，情绪脑和爬行脑启动的过程，从而失去了理智，情绪失控，最后酿成了悲剧。有人说是刘某缺乏公共道德，有人说是冉某缺乏沟通技巧，其实他们本质上缺乏情绪管理的能力。

常言道，冲动是魔鬼，然而抑郁、悲伤等情绪又何尝不是呢？在学校里，我们训练自己的理性思维，却可能忽视了对感性认知的探索。就像少了一条腿，是很难顺利行走在人生道路上的。例如，为了实现目标，你可以制订详细的行动计划，但你有没有发现有时候你一觉醒来，却一点儿都不想动。情绪陷入低谷，打不起精神，那么这时候你有再完美的计划，又有什么用呢？

3. 方法：前中后看见法

如果我们想管理好自己的情绪，首先要做的是看见它。看不见的敌人是最可怕的，看不见的缺点是最致命的。我们接下来讲述前中后看见法（见图2-1），看看如何在情绪发生前、发生中、发生后看见它。

图2-1　前中后看见法

1）事前建档：我经历过哪些情绪事件

在生活和工作中，我们会经历哪些情绪事件呢？我们来建立一个属于自己的情绪档案袋吧。我们可以拿出一张白纸，将我们知道的情绪词汇一行一个地写下来，挑战一下，我们能写出多少行？

萨提亚家庭研究院曾经提出了500个描述情绪的词汇，下面罗列出"霍金斯能量层级"里提到的17种情绪类词汇：开悟、平和、喜悦、爱、明智、宽容、主动、淡定、勇气、骄傲、愤怒、欲望、恐惧、悲伤、冷淡、内疚、羞愧。

现在，我们需要参照以上词汇，补充自己的情绪词汇，写在纸上，同样一行一个词汇，这将帮助我们扩展情绪广度。

然后，在词汇右侧，写出曾使我们产生这些情绪的事件。《积极情绪的力量》的作者芭芭拉推荐我们要记录情绪事件中的事实（画面、物品、声音、触觉乃至嗅觉）与想法，作为一个礼物送给自己，就像我们制作微信朋友圈相册一样。

最后，给纸上标注的情绪从1分到10分进行打分，10分是极其强烈，1分是淡淡一点。这代表情绪深度。这张纸现在就成了我们的情绪档案袋。

如此做法将使我们的情绪世界更加广阔和深邃，我们也就更容易觉察到相应的情绪变化。日积月累，我们还能从中找出情绪按钮，更加深入地认识自己，对情绪进行更加理性和全面的利用或调整。我们举个正面的案例，帕维尔·布朗斯基是一位积极心理学学家，在参加一场重要的面试时，他既兴奋又紧张。那如何缓解自己的紧张呢？他翻出了自己的自豪档案袋，其中包括他与心流之父米哈里·希斯赞特米哈伊之间的邮件往来和同积极心理学创始人马丁·塞利格曼的合照等。这个档案袋加强了他的自信形象：自己尽管年轻，却是一位有能力、受人尊重的学者。这为他面试时自信而平静的表现打下了坚实的基础。自豪档案袋就是他的正向的情绪档案袋。

然而有了情绪档案袋就够了吗？不是的，我们还需要具备灵敏的感知能

第二章 情绪——加足情绪汽油,飞驰人生高速路

力,能够感知当下发生了什么。

2)事中感知:通过三次深呼吸,我发现我的身体和语言对我说了什么

首先,感知身体感觉。因为情绪会反映在身体上,两者有相互影响的关系。根据美国心理学之父威廉·詹姆斯的研究,"当身体产生(生理)变化时,我们感受到这些变化,这就是情绪。"没有缘由的大笑最终也会让你开心。相反,当我们情绪激动时,往往有肢体扩展的表现,如从坐姿到站立、挥舞双手,而当我们的情绪负面、低沉时,则会紧缩肢体,如双手抱臂、蜷缩一团等。此外,《黄帝内经》中有提到"怒伤肝,喜伤心,悲伤肺,忧思伤脾,惊恐伤肾",如果你的这些身体部位偶有不适,你也可以考虑是否常常拥有对应的情绪。而身体不好、不舒服、疲惫,也会使人体能量下降、情绪变差。

想要更好地理解身体这种非语言的信息,我们需要使用正念、冥想的方式。比如呼吸练习,简单地说就是通过体会呼吸带来的细微身体反应,或鼻端气息的一进一出,或胸腹部起伏的一胀一缩,来加强细腻感知能力。又如身体扫描练习,则是对全身肢体,包括头、面部、颈、肩膀……乃至蠕动的胃、小小脚趾的感知能力的练习。在此不再赘述,大家可以搜索相关资料加以训练,在《学习的答案》一书中也有细致介绍。

其次,感知语言表达。因为情绪也会反映在我们的语言中。你的口头禅是什么?"气死我了""好无聊啊""郁闷""我太难了""柠檬精",等等,这些流行的口头禅的背后可能是愤怒、冷淡、抑郁、难受与嫉妒等情绪。

最后,深呼吸三次。要想在情绪产生时立即做到前两点,是有难度、需要修炼的,对此,全球情商训练权威机构之一的"6秒钟情商"有如下解读:"由于情绪在我们外部环境变化中以比思考快上八万倍的速度形成,在这飞快的四分之一秒钟,事实上,我们并没有充裕的反应时间。因此,在这一眨眼的瞬间……你的情绪已被引爆。"他们推荐"在采取行动之前,暂停6秒钟",随后你的理性思考就会启动,除了冲动或压抑,这个时候你会有更多更好的其他选择。你在情绪激动的时候,需要几次呼吸才能度过这6秒钟呢?用好

这招缓兵之计吧。

3）事后反思：从设身处地之外看，我有什么情绪产生呢

如果我们能时时刻刻保持当下的感知就好了，但是很多时候我们"不识庐山真面目，只缘身在此山中"，因此就需要从外部去发现自己的情绪。我们既可以委托别人去提醒我们："我最近在做一个情绪实验，如果你觉得我的情绪不对劲，或有特定的表情、动作，就提醒我。"也可以自己分身旁观："用旁边人的眼睛来看自己，我有什么情绪产生呢？"

在五维教练营学习时，我接受了高平老师的指导，期间就被多次关照到肢体动作："我注意到你多次做了××，它们告诉了你什么呢？"这些提醒，促进了我对自己的全面感知，这些有益的情绪事件也可以补充到我的情绪档案袋中。

以上就是前中后看见法，本节开篇案例中的乘客和司机如果能这样管理自己的情绪，这场悲剧也许就可以避免。这件事对我们的警示是：我们可以在情绪档案袋里记录以往经常激怒自己的场景，从而时刻警醒自己。我们也可以在冲突发生时，注意从"脸红脖子粗"等身体信息和"破口大骂"等语言中觉察自己在生气，从而在深呼吸后思考，除了攻击对方，我们还可以做什么，以恢复理性、提醒自己不要冲动。事后我们还可以跟同事和亲人交流，进一步提升对自己情绪的了解程度。

就让我们不断觉察和练习，在情绪管理方面做到有备无患，毕竟我们未来是一定会遇到情绪失控的状况的。

4. 练习：田字格档案袋

请拿出一张 A4 纸，沿长短边分别对折一次，划分成四个区域，然后依次写下四种情绪的档案。不用着急一下子写完，如果写的时候出现了焦急、烦躁等情绪，也不妨暂停下来进行自我感知，再思考这种情绪反馈给了你什么信息，这也算是一种意外的惊喜收获。

第二章　情绪——加足情绪汽油，飞驰人生高速路

1）感恩档案袋

你上次感到感激、感谢或感恩发生在什么时候？你因为感恩而真诚地奉献你的善行发生在什么时候？

谁让你有了这种感觉？当时发生了什么？如果画成一张海报，会是什么样的？当时有哪些人在场？他们在做什么？他们在对你说什么？你听到了什么声音？你当时有什么想法？有什么物品能让你回忆起那一刻？

2）喜悦/开心档案袋

如果列举一件事，能很好地表达你对喜悦的理解，那会是什么事？过去一年，你最开心的一件事是什么？上一次你嘴角上扬、露出微笑、手舞足蹈，是在什么时候？你想写成一篇《这一天真的好开心——我的开心日记》，在那一天你沉浸其中、不想时光流逝的样子是怎样的？

3）抑郁档案袋

哪段时间或哪件事后，你的天空是黑色的，你丝毫不想出门，要把自己关在家里？问问你身边的朋友，什么时候的你曾经紧缩眉头、唉声叹气，做什么事情都打不起精神，甚至暗自流泪？你上一次觉得自己彻底失败了，对自己很失望，是怎样一种情况？

4）生气档案袋

请阅读以下可能惹恼你的情形，回忆通常让你情绪失控的三件事。

- 你正和某人说话，对方手里却做着其他事，丝毫没有回应你。
- 你跟某人约好见面，到了约定地点，对方却爽约了。
- 被人开玩笑或嘲讽。
- 开车时，后面的车开着远光灯、猛按喇叭、强行变道插队。
- 工作中，其他人工作出错，领导却算到你的头上。
- 旅途中，遇见有人吃方便面等味道很大的食物，或者露出臭脚、大音量外放无聊的短视频还用胳膊挤占你的座位。
- 刚买回家的电器，用了没多久，就坏了。

以上就是帮助你感知情绪的看见模型。还记得以前参加张艳丽老师的工作坊时,一句"不怕念起,只怕觉迟"深深打动了我,在此我也将这句箴言分享给你,祝愿我们都成为随时都能感知、觉悟情绪的人。

美好照相机对焦法:关注美好,才能开启好情绪

> 你身体有什么样的感觉及体验,完全取决于你在那一段时间内将注意力放在了什么地方。
>
> ——安东尼·罗宾,《激发个人潜能Ⅱ》

为了开启好情绪,我们可以采用**美好照相机对焦法**。

- 关注好事:发生了什么好事?
- 积极分心:我可以做哪些五星级的愉悦的事情?
- 杜绝消极:我要如何屏蔽低能量信息源?
- 感恩拥有:有什么是过去我希求、现在我拥有的东西?他人给予了我什么帮助?我可以给予他人什么帮助?

1. 困境:幸福的"失窃"

当你一觉醒来发现家里进了小偷,钱包、钻戒、电脑等值钱的东西被一扫而空。经历了最初的疑惑和后怕,你会产生什么情绪和想法呢?

美国前总统富兰克林·罗斯福有一次家里失窃,损失惨重,朋友写信安慰他,而他如此回信说:"亲爱的朋友,谢谢你的安慰,我现在一切都好,也依然幸福。因为,第一,贼偷去的只是我的东西,而没有伤害我的生命;第二,贼只偷去我的部分东西,而不是全部;第三,最值得庆幸的是做贼的是他而幸好不是我。"

罗斯福怎么会有如此幽默的回复和豁达的心境呢?

第二章　情绪——加足情绪汽油，飞驰人生高速路

2. 分析：情绪 ABC 理论

2019 年 2 月，我邀请心理咨询师柯霓老师为四叶草多元学习社群的会员们分享冥想经验，她老公也来陪伴助阵，不过因为路上拥堵，迟到了。他在匆匆忙忙走进教室时，引起了大家的短暂注意。这时候我观察到现场有三种情绪反应，一是没有留意，二是略微皱眉，三是开心。

那么，看到一个迟到的人走进教室，什么人会开心呢？当然是柯霓。为什么同样一个事实，即有人迟到，会使人们产生不一样的情绪反应？

这涉及到情绪 ABC 理论。该理论来自理性情绪行为疗法创始人阿尔伯特·艾利斯的发现。他来头不小，据《我的情绪为何总被他人左右》一书的推荐语称，他的影响力甚至超越了大家熟知的《梦的解析》作者弗洛伊德，在美国、加拿大十大最具影响力的应用心理学家排行榜中名列第二。

情绪 ABC 理论认为激发事件 A（Activating event）只是引发情绪和行为后果 C（Consequence）的间接原因，而引起 C 的直接原因是个体对激发事件 A 的认知和评价，也就是信念 B（Belief）。**这改变了我们的传统认知，以往我们总是认为是某个人或某件事引发了我们的情绪，让我们不得不生气、沮丧或焦虑，但实际上是我们的信念在背后作怪**，就像这句话说的那样："这世上没有人能伤害你，除非你自己允许。"因此，如果我们拥有不合理的信念，就会产生情绪障碍。例如，如果你抱持着"人都不应该迟到，迟到意味着对我和在场人的不尊重"的信念或规则，那么，当有人迟到时，你自然就会轻则感到不适、重则感到愤怒了。

在本节中，我们先从激发事件 A 开始解读。事物犹如一头大象，有很多侧面，我们观察不同的侧面，就会产生不同的情绪。就像教室中有些人就没有留意有人迟到，或者不关注这件事，他们更关注柯霓的精彩思想，自然也就没有产生什么情绪反应。

3. 方法：美好照相机对焦法

你知道此时此刻发生了什么吗？你可能正在看书，你可能坐在家里，窗

外传来汽车开过的声音，你可能还会感知天气的或冷或热的变化。

你有没有发现你的心脏正在跳动？摸摸你的胸口或手腕。你有没有发现你忽视了这个事实？其实，同一个时间，世界发生着无数的事情，有些事情我们注意到了，有些事情我们没有注意到。我们的大脑就像一台照相机，它只能拍到我们聚焦的画面。如果我们关注好的东西，我们就感觉良好，反之就会感觉消极。因此，我们可以通过重新聚焦事实，实现情绪的调整。

送你一台美好照相机（见图2-2），它有四个对焦按钮，分别是"好"，关注好事；"分"，积极分心；"坏"，杜绝消极；"感"，感恩拥有。按下它们，开启你的好心情！

图 2-2　美好照相机

1）关注好事：发生了什么好事

今天有什么好事发生？今天有什么事情不如我意？仔细思考这两个问题，你会发现它们带给自己的心情是不一样的，即使是同样的一天。前者带给你的心情是好奇，甚至惊喜，后者带给你的心情是低落和郁闷。在本节开篇，罗斯福就把焦点放在了"关注好事"上，他关注的是他没有受伤，也没有损失掉所有的东西以及做贼的是别人而不是自己这三件事。相反，如果他把焦点放在了"不如意的事情"上，那他肯定非常沮丧。那么，既然事情已经发生了，过去了，再也不可更改了，那我们为什么不关注好事，让自己心情转好呢？

第二章 情绪——加足情绪汽油，飞驰人生高速路

你可以通过写"小确幸"日记记录生活的美好。即使你每天再忙，你也可以写下你的"小确幸"日记。"小确幸"日记能够在当下给你带来小小的幸福，而且在未来你感到不开心的时候，重温它，它也能够给你带来小小的幸福。

具体的方法是，首先，在一天中抽出五分钟时间，你可以安排在上床入睡之前，或者在起床后；其次，拿出你的"小确幸"专门笔记本或笔记软件，写下当天或前一天发生的三件好事情，比如跟好朋友见面、收到一件小礼物、陪伴了家人、遵守了承诺；最后，坚持写"小确幸"日记至少23天，这样你就能逐渐培养起关注美好的事情的习惯，使自己的心境更豁达、心情更开心。

我的好朋友京米粒就是这样懂得拍下美好生活的摄影师。她和她的老公小光，每天都会记录和儿子晓京喜的幸福日记（见图2-3）。无论是美味的食物、快乐的运动，还是早上和煦的阳光（在成都，这可不常见），都能带给他们喜悦，他们会感到很幸福。事实上也确实如此，通过记录美好的事情，我们不仅当时能细细品味喜悦，还能事后慢慢回味幸福。

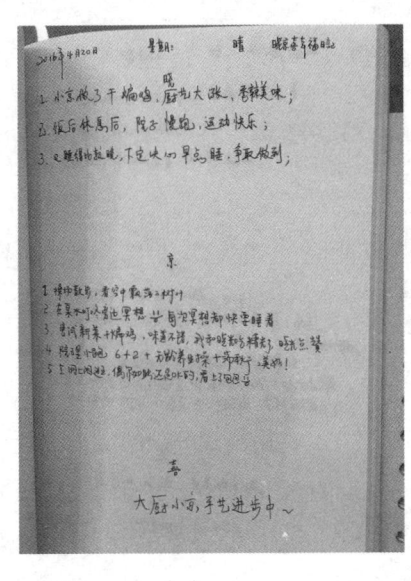

（a） （b）

图2-3 幸福日记

（c） （d）

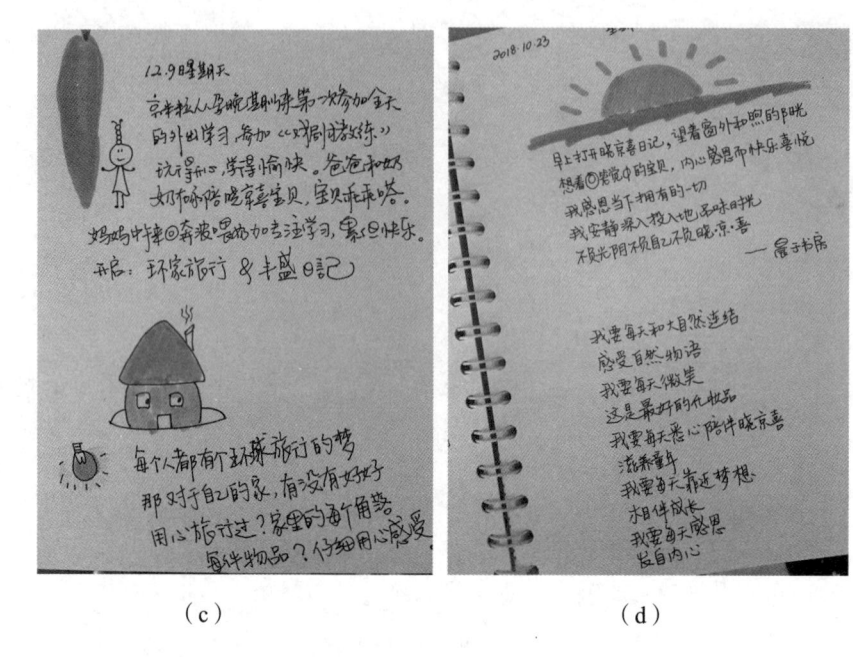

图 2-3 幸福日记（续）

当你心情不佳的时候，你就可以翻出这些"小确幸"日记，通过回味过去的美好时光找回开心的自己。

当然，为了在回忆时达到身临其境的境界，"小确幸"日记除了记录事情过程，还可以详细地描绘发生时的图像、颜色、声音、气味、触觉等。这样就能把这一篇篇"小确幸"日记变成你的秘密电影。

2）积极分心：我可以做哪些五星级的愉悦的事情

还记得我刚上大学时不太适应，还沉浸在与高中同学分别的沮丧中。有些外地同学也面临着环境变化，要与各不相同的同学相处。这时候我跟学工部的心理咨询师姜焰老师的交流中，学到了一个好方法，就是做做其他事来分分心。

可惜的是我当时并没有采用这种"积极分心"的方法，当时的我有自己

第二章　情绪——加足情绪汽油，飞驰人生高速路

的想法，想要深入情绪中体验和思考。其实各种方法并没有好坏之分，只有是否适合当下的你、是否对当下的你有效果的区别。现在回想起来，当时的我还不具备深入觉察的能力和心境，这种"积极分心"的方法对于当时的我来说确实是个不错的选择。

如果说"关注好事"是被动的发现，那"积极分心"就是主动将自己的焦点调整到能提升自己能量的事情上来，例如，做自己喜欢的事、参加社团、认识新朋友、运动、看一场精彩的电影、走出屋子享受明媚的阳光、与心爱的人共进烛光晚餐，等等。总而言之，让自己与积极的事情产生共振。那么，你喜欢做什么事情呢？

我喜欢一起床就做这些事情：喝上一杯拿铁咖啡、看书、在图书馆泡上半天、参与一场培训或沙龙、与爱学习的朋友交流、河边跑步或散步、游泳、踢球、晒晒太阳、大吃大喝一顿、来一碗素椒炸酱面、和亲爱的雅文待在一起、对自己说"加油、努力、奋斗"、点开网易云音乐 App 等。每当做起这些事，我都能感受到人生的美好。

奥普拉在《我坚信》里提到："即使拥有的不多也不能阻止我开心，因为我能从自己所做的事情中找到各种满足……能够意识到并创造这些四星级、五星级的经历，会让你如沐神恩。"对我而言，醒过来时"脑子清醒得很"，能把我的双脚放到地上，走进浴室，并顺畅地完成该做的事，这就是五星级体验……

再如，一杯浓郁的咖啡配上最完美的榛子奶精——四星；锻炼——一星；坐在我的橡树下看周日的报纸——四星；获得一本好书——五星；坐在昆西·琼斯家厨房的餐桌边，跟他天南海北地聊天——五星；能为其他人做点儿好事——五星……

请你现在就写下你可以做的五星级的愉悦的事情吧。当然，如果你按照上一节的练习部分制作了喜悦/开心档案袋，你也可以翻出喜悦/开心档案袋直接照做。

3）杜绝消极：我要如何屏蔽低能量信息源

"阳光总在风雨后，请相信有彩虹"，我们欣赏彩虹的美丽，但不需要走进风雨里，我们要学会避雨。

每天打开手机、电视看新闻，你经常看到什么类型的新闻呢？我曾经做了一次记录：打开搜索引擎，它会自动弹出搜索热点，依次是某名人意外去世、动物打架、某公司违规被罚、某人否认家暴、电影推迟上映、明星斥责某节目、凶杀案进展、故意伤害、儿童失踪……

请问这些是什么样的新闻？消极新闻。美国《纽约太阳报》编辑主任约翰·博加特1882年对记者分享了这样一个观点："狗咬人不是新闻，因为这是经常发生的；如果一个人咬了狗，那就是新闻了。"与众不同、罕见奇特的事情容易引起人们的兴趣、吸引人们的注意力，因此，新闻从业人员特别喜欢使用震惊性标题报道新闻，吸引大家的眼球，提升点击率和关注度。

如果你一直受消极新闻诱导的话，会变成什么样呢？忧心忡忡、怨天尤人、刻薄、浅陋。你会认为这个世界没救了，全是暴力、色情、灾难和无知。但是，其实世界上同时存在更多美好的事情，对吗？

因此，无论如何，千万不要被动地、无知地让其他人决定你要看什么。要自己决定！

我的做法是将镜头从负面的、黑暗的方面转移到正面的、光亮的方面，比如多搜索正面的新闻。我很少看电视，晚上就停止刷微信朋友圈，也不再看手机了。

当然，我不是说把自己裹进塑封袋，不接触一切负面的东西，而是说不要被动接收。特别是你会发现，消极新闻除了使你产生负面情绪，并不会使你产生投身有益的行动。

最后，我以一句话与大家共勉：你关注什么，你就会成为什么。

4）感恩拥有：有什么是过去我希求、现在我拥有的东西？他人给予了我什么帮助？我可以给予他人什么帮助

第二章 情绪——加足情绪汽油,飞驰人生高速路

可能你现在觉得自己不够富有,想一夜暴富,但是,如果一个人愿意花500万元钱买你一只手,你愿意吗?可能你现在觉得自己不够幸福,想要周游世界、活得自由自在,但是,当你生病躺在床上,什么都不能做时,你又会有什么想法呢?

罗根·史密斯有一句智慧之言:"人生有两项主要目标,第一,拥有你所向往的,第二,享受它们。只有最具智慧的人,才能做到第二点。"

如果有什么情绪是世界上最好的,我的答案是感恩。我经常在清晨感恩,感恩自己还生活在这个世界上,感恩自己还有梦想去努力,感恩有那么多书和人值得我学习,感恩祖国打造的绿色河堤、公园可供跑步,感恩有那么多图书馆可以供我读书,感恩医生、警察、社区工作人员、清洁工为大家服务,感恩我还能看见、还能品味美食,感恩常年阴天的成都总还会有的艳阳天,感恩朋友对我的支持和理解。我拥有的、得到的太多了,只要我细细品尝,够我享用一辈子。

如果你还想在感恩上做得更好,那就将你的感恩传递出去。首先,你可以写一封感谢信或发一条感谢微信给那位帮助过你的人。说说他对你的帮助(他做了什么,如何影响了你的人生)、你的感受,以及你愿意为他做点什么。如果你能约对方出来吃饭聊天、当面表达,效果当然会最好。

其次,你可以将好心情分享给身边的朋友,同他们分享人世间的美好,如同你在水面上投下石子,水面的涟漪将传播开来,使美好传播得更广。我曾经受到"HOPE食养"孙莎老师的邀请,为智慧妈妈团分享积极心理学好书《积极情绪的力量》,其中我们组织了"分享好事"游戏。每个人先品味发生在自己身上的好事情,然后跟身边的人聊一聊。当大家沉浸在分享中时,每个人都感觉棒极了,在我拍下的每一张现场照片中,他们的嘴角都是上扬的。游戏结束后进行自我评分,大家的情绪能量得分都或多或少地提升了,大家的心情变得更加美好了。

我们在听到别人分享他的感恩和美好体验时,也要积极回应。不要面无

表情、心有杂念地被动接受，而是要主动聆听，因为关注美好的事情，将促成更多美好的事情的发生。我们可以说"看起来你真的很开心，真的为你感到高兴"，这样，我们和对方将构建正能量循环场，可以相互激发更高、更积极的能量。说到底，这是沟通双方之间的正能量双人舞蹈，绝不是一个人的独角戏。

最后，采取感恩行动，日行一善。不需要做惊天动地的大事，只需要顺手给予旁人一点善意。例如，见面一声"早上好"，对视时微笑，进出小区或单元门时帮忙拉下门，排队时谦让一下，赶乘公交、火车时帮忙拿取行李等。积极心理学之父马丁·塞利格曼称这也许是获得幸福感最可靠的方法了。他在《持续的幸福》一书里提及他的朋友史蒂芬的故事，每当史蒂芬心情不好，他的母亲就会说："史蒂芬，你看上去心情不好，你出去帮助别人吧。"

4. 练习：拍下你的美好照片

请好好利用你的手机拍照功能，每天拍下一张美好照片，记录你看到的和你感受到的美，然后分享在你的朋友圈。久而久之，你就是美的艺术家，你的世界也会被你发现的美所装点。

以上就是帮助你关注美好的对焦模型。相信你听过法国雕塑家奥古斯特·罗丹的名言，"世界上并不缺少美，而是缺少发现美的眼睛"。只要你睁开你的眼睛、敞开你的心扉细细捕捉，无论是外界的光影变幻，还是内心的善良纯真，都能被你抓住，你会发现其中蕴含的美。祝你拥有发现美的眼睛。

强有力河道法：改变信念，才能释放好情绪

人不是被事情本身所困扰，而是被其对事情的看法所困扰。

——埃皮克·迪特斯

第二章 情绪——加足情绪汽油，飞驰人生高速路

为了释放好情绪，我们可以使用**强有力河道法**。

- 不抱持"太在乎别人怎么看待我"的信念：别人的意见是……，而我的意见是……。下一步怎么做，我要问问我内心的声音。
- 不抱持"每个问题都有完美的解决方法，我必须现在找到而后再行动/正确答案只有一个"的信念：就当下而言，我能想到的最好办法是……，行动起来，这就是当下能取得的最大成果。
- 不抱持"书必须从头读到尾，否则会遗漏/会觉得不算读完了一本书"的信念：我们可以将书掐头去尾，选取所需的部分去阅读，这样更高效。

1. 困境：被拒绝的申请

假设你正在准备考取研究生，在报考志愿上你郑重地填上了一所你梦寐以求的学校的名称。考虑到你认真的备考过程和良好的以往成绩，你对被录取充满了信心。但是结果出来后，你的申请被拒绝了。这时候你会如何看待这件事呢？

- 竞赛太激烈了，导师们给出了不通过的意见，就证明自己不够优秀。你感到非常沮丧，把自己关在家里好几天，不想见人。
- 录取有猫腻，自己都那么努力了，笔试成绩也不错，为什么自己还不能通过，背后肯定有潜规则、关系户。你感到非常愤怒，在网络上匿名发泄你的猜测。
- 无论如何，现在的结果是不通过，那背后的原因到底是什么呢？我又可以如何改进呢？短暂受挫之后，你鼓起勇气，给学校打了一个电话。找到了相关负责人，并把自己的情况告诉了对方。你说："我不想质疑您的决定。我只是想问一下，如果下次我想再申请贵校，我该怎么改进自己。如果您能在这方面给我一些反馈和建议，我将感激不尽。"

在《终身成长》一书中，这是一个真实的故事，主人公选择了第三种方式，而学校负责人自然不会拒绝这样上进而真诚的请求。几天后，负责人给她回了电话。学校同意接受她的申请了。原来，学校负责人当时拒绝她的申

请其实也只是一念之差。在重新考虑了她的申请后，他们决定可以多招收一名学生。他们对她的主动性颇为欣赏，这也为她加了分。

面对同样一件事，不同的人为什么会有不同的情绪反应和选择呢？

2. 分析：无效信念

上一节我们提到了情绪与激发事件 A 有关，这一节继续分享情绪 ABC 理论的信念 B。在《我的情绪为何总被他人左右》一书中，艾利斯专门提到了 10 条非理性信念。当我们选择了这样的信念后，就会产生过激情绪或陷入情绪沼泽。

例如，太在乎别人怎么看待你。这是一种过于重视他人意见，甚至唯命是听的过度信念。设想下它会产生什么样的恶果。例如，在演讲时，你会惧怕上台。因为无论你如何准备，你总会发现有些人不喜欢你。无论你是什么风格的演讲者，你都会发现要么有人讨厌你的浮夸聒噪、浅薄肤浅、逻辑混乱，要么有人对你的平铺直叙、晦涩说教、一板一眼感到打不起精神。一想到这一切，你就会心生恐惧，感到自己一无是处，甚至过度敏感，不敢发表自己的意见，尽量隐藏自己。

但是，如果丝毫不在乎别人的看法呢？又会是个麻烦。我们会像生活在真空里一样，错过一些真实、有益的意见，或者去攻击他人，"你算老几？你管我？"

这可如何是好？这时我想到了"中庸"一词，朱熹将其解释为不偏不倚、无过无不及之意，也就是不要太过分，也不要差太远。

说起来简单，但实际做起来太难了，这个度到底该如何拿捏呢？不妨以不断成长这个目标为标准。例如，小白开始演讲，先偏自我一点，不要太重视他人意见，因为这时候的你自信心不足，太多的杂音会让你无所适从，在这个阶段行动起来是第一，因此埋头演讲就好。而有了一定基础，能够说出自己的声音，有能力接纳别人的不同意见了，那就打开一些，吸纳别人的看法进行调整。

总之，道理是死的，人生是活的。人不可能因为某个道理就活得潇潇洒

第二章　情绪——加足情绪汽油，飞驰人生高速路

洒，只有在不断的实践和修正中，人才能够升华自己的人生。

在此，**我给无效信念下的定义是，如果一个信念阻碍了你当下的成长或者目标的实现，那它就是一个无效信念。如果一个信念给你带来了痛苦、负面乃至非中庸的情绪，那它就需要被调整**。正如我们从父母、教师等处学到了做事的方法和看法，就像得到了一件当时称心如意的衣服，但是，当我们长大，我们就需要新的做事方法和看法，就要积极地做出调整。这和更换衣服才能满足自身的尺寸、冷暖等的当下需求是一个道理。我们会随时根据真实的温度，而不是遵循所谓夏天就该穿一件衣服的道理而生活。"最灵活的人最具控制权、最占优势"，我们要随时活在当下，不断起舞。

3. 方法：强有力河道法

本节使用河道比喻信念，是因为我们的生命力喷涌而出，犹如湍流的河水，它总会流经某些河道，有些河道里有很多枯木，会阻挡河水前进，而有些河道更加通畅。类似地，我们选择了不同的信念，随后的情绪和思考将有所不同。

类似阻塞河道的枯木的无效信念都有哪些呢？比比皆是，我从《我的情绪为何总被他人左右》《伯恩斯新情绪疗法》《改变——重塑大脑，开创正念人生》《新家庭如何塑造人》和《学习的答案》等书中总结出了常见的近 30 条无效信念，限于篇幅，这里给大家分享其中的三条，并附上强有力的正向信念及故事。你可以通过背诵誊写、构想思考乃至行动反思加以调整。相应地，我提出了强有力河道法，如图 2-4 所示。假以时日，你的人生一定会释放出更强大的生命力。

图 2-4　强有力河道法

能力的答案

1）太在乎别人怎么看待我

别人的意见是……，而我的意见是……。下一步怎么做，我要问问我内心的声音。（别人的意见很重要，但我的意见更重要。）

《磨坊主和儿子与驴子》，改编自伊索寓言。

磨坊主和他的儿子一起赶着他们的驴子，到邻近的市场上去卖。路上一个妇女说："瞧，放着驴子不骑，却要走路。"老人听到此话，立刻叫儿子骑上驴去。又走了一会，一个老头说："年轻人，还不让你年老的父亲歇歇他疲乏的腿。"老人便叫儿子下来，自己骑了上去。他们没走多远，又遇到人说："你这无用的老头，你怎么可以骑在驴子上，而让那可怜的孩子跑得一点力气都没啦？"老实的磨坊主，立刻又叫他儿子坐在他后面。快到市场时，一个市民又建议两个人抬驴子，于是，磨坊主和儿子将驴子的腿捆在一起，用一根木棍将驴子抬上肩向前走。经过市场口的桥时，很多人围过来取笑他们，一不小心驴子掉到河里去了。

2）每个问题都有完美的解决方法，我必须现在找到而后再行动/正确答案只有一个

就当下而言，我能想到的最好办法是……，行动起来，这就是当下能取得的最大成果。（没有普适的标准答案，更好的答案只有在路上才能找到。）

《小马过河》改编。

马棚里住着一匹老马和一匹小马。有一天，老马让小马把半口袋麦子驮到磨坊去。路上一条小河挡住了去路。小马为难了，心想：我能不能过去呢？小马向四周望望，看见一头老牛在河边吃草，小马问道："牛伯伯，请您告诉我，这条河，我能趟过去吗？"老牛说："水很浅，刚没小腿，能蹚过去。"小马正准备过河时，树上跳下一只松鼠，拦住他大叫："小马！别过河，别过河，你会淹死的！昨天，我的一个伙伴就是掉在这条河里淹死的！"小马连忙收住脚步，不知道怎么办才好。它叹了叹口气说："唉！还是回家问问妈妈吧！"小马回家把事情经过告诉了妈妈，妈妈说："孩子，光听别

人说，自己不动脑筋，不去试试，是不行的，河水是深是浅，你去试一试，就知道了。"小马再次来到了河边，然后小心地趟到了对岸。原来河水既不像老牛说的那样浅，也不像松鼠说的那样深。

3）书必须从头读到尾，否则会遗漏/会觉得不算读完了一本书

我们可以将书掐头去尾，选取所需的部分阅读，这样更高效。（缺啥学啥最高效。）

《300%阅读效率的提升》，改编自《学习的答案》。

我们来简单地算一笔账，假设一本书有五个章节，那么按照二八定律得出，其中会有一章，虽然只占20%的篇幅，却含有全书80%的价值。那么，按照传统语文课逐字阅读的习惯，是花100%时间阅读100%内容，获得100%价值，成效比为100%（100%价值收获/100%时间投入）。而选取精华展开阅读，是花20%时间阅读那20%最重要的篇幅，获得全书80%的价值，成效比为400%（80%价值收获/20%时间投入）。一个小小的改变，将四倍效能于之前的做法！实际效果可能还要更加惊人，因为现实遵循的很可能不是二八定律，而是95/5定律。按照这种方法，你将避免做更多无用功——你不必读那些不需要阅读，或者价值不高的章节！

4. 练习：选择好的河道

我们回忆上一节开篇的罗斯福失窃故事，他感到的不是难受，而是庆幸，因为他的信念不是因为丢失东西而沮丧，而是想到了他有更重要的事情没有丢失。我们甚至可以利用一些俗语让自己乐观起来，比如"祸兮福所倚，福兮祸所伏""塞翁失马，焉知非福"等。

以上就是帮助你改变信念、释放好情绪的河道模型。月亮几千年来就是那个月亮，但是有的人会说"人有悲欢离合，月有阴晴圆缺，此事古难全"，有的人会说"人生得意须尽欢，莫使金樽空对月"，有的人会说"当其贯日月，生死安足论"。你更欣赏哪种看法？它又会给你的心境带来何等影响？

能力的答案

双A行动法：采取行动，才能得到好情绪

> 任何人都会生气——这很简单。但选择正确的对象，把握正确的程度，在正确的时间，出于正确的目的，通过正确的方式生气——这却不简单。
>
> ——亚里士多德，《伦理学》

为了得到好情绪，我们可以运用**双 A 行动法**。

- Arouse——情绪积极启发：我现在的情绪，启示我要采取什么行动？
- Action——高能量行为：我可以采取什么肢体动作来唤起高能量的情绪？

1. 困境：生气的爱巴

在古老的西藏地区，有一个叫爱巴的人，每次和人起争执而生气的时候，就以很快的速度跑回家，绕着自己的房子和土地跑三圈，然后坐在田边喘气。

爱巴工作非常勤奋和努力，他的房子越来越大，土地也越来越多。但不管房子和土地有多么广大，只要和人起争执而生气的时候，他就会绕着房子和土地跑三圈。

直到有一天，爱巴很老了，他的房子和土地也已经太广大了，他生了气，拄着拐杖艰难地绕着土地和房子转，等他好不轻易走完三圈，太阳已经下了山，爱巴独自坐在田边喘气。

"爱巴为什么每次生气的时候都绕着房子和土地跑三圈呢？"所有熟悉他的人都想不明白，但不管怎么问他，爱巴都不愿意明说。

你知道原因吗？你在陷入生气等负面情绪时，会怎么做呢？立即与他人对骂？随手摔东西？

第二章 情绪——加足情绪汽油，飞驰人生高速路

2. 分析：行动的汽油与尾气

"生气的爱巴"故事的结尾是在孙子的恳求下，爱巴终于说出了隐藏多年的秘密："年轻的时候，我一和人吵架、争论、生气，就绕着房屋跑三圈，边跑边想自己房子这么小、土地这么少，哪有时间去和别人吵架呢！想到这里气就消了，把所有的时间都用来努力工作了。而年老时自己已经变成最富有的人了，边跑边想自己房子这么大、土地这么多，又何必和人计较呢？一想到这里，气就消了！"

这份睿智的背后，既有上一节我们提到的合理运用信念的力量，"为不能赚钱的事情生气是不值得的"或"将军赶路不打小鬼"，还有穿越情绪的好方法，就是行动。

首先，情绪是行动的汽油。相比寻常时的自己，当你处于情绪之中时，是不是更有能量？愤怒时张牙舞爪，自责时捶胸顿足。这其实是情绪在告诉你，你该行动了。任何一分力量，都可以指向毁灭或者新生，借助上一节的积极信念或思考，我们可以导引情绪这股能量，就像李冰治水一样，因势利导地修建都江堰，化岷江的汹涌险恶的江水为灌溉良田的肥水，让成都平原从此成为天府之国。爱巴则是将愤怒的能量转化为跑步的力气，既免除了争执的负面影响，又能锻炼身体。

其次，情绪又可以是行动的尾气。正如本章第一节提到的威廉·詹姆斯的研究，对于情绪，我们的以往常识是认为某件事和想法会让你产生某种情绪，进而产生某种行为。其实反过来也是成立的，即某种行为也会产生对应的情绪，这被称为表现原理。根据这个原理，我们可以通过表现出某种情绪的行为而获得相应的情绪感受，比如没有缘由的大笑，最终会让自己开心起来，"……令人感到愉快的最自主有效的方式……就是要让人愉快地坐着、愉快地环顾四周，仿佛已经很愉快了地行动和说话。"那么，与其在消极情绪中沦陷，为什么不试试行动起来，让自己开心呢？

1995年，印度孟买的内科医生马丹·卡塔利亚发现笑能缓解疼痛，因此

发明了大笑瑜伽，"任何人都可以毫无理由地笑，不依靠幽默、笑话或喜剧，当你不快乐的时候，你也可以笑。"

据悉，印度已经有约一万个大笑瑜伽俱乐部，而且大笑瑜伽已经被推广到了 60 多个国家。例如，在日本大阪市就有一个名为"关西大笑瑜伽俱乐部"，大家身穿 T 恤轻装，在地板上围坐一圈发出一阵阵响亮的笑声。他们的练习包括边睁大眼睛伸出舌头边大笑的"狮子笑"、大家手拉手围成圈大笑的"莲花笑"等 10 余种笑法，最后以冥想安神结束。大约一个半小时的练习，据说很多人的脸部和腹部的肌肉都会因为大笑而显得酸痛，心情也随之舒爽。

可能你觉得这有点滑稽、有点不好意思，但是相比于开心和健康，这一点点不适应感又算得了什么？

3. 方法：双 A 行动法

双 A 行动法的核心是两个 A 开头的单词，分别是 Arouse——情绪积极启发；Action——高能量行为。双 A 行动法如图 2-4 所示。

图 2-4 双 A 行动法

首先，我们来品读 Arouse——情绪积极启发。我现在的情绪，启示我要采取什么行动？情绪究竟有什么含义，也许不像数学题那样有标准答案。以下是我对负面情绪的体会。你也可以为这些情绪词语下一个你的定义，写出它启发你行动的意义。

第二章　情绪——加足情绪汽油，飞驰人生高速路

1）愤怒、生气和发火，启发你捍卫边界

你重要的价值观或规则，被轻视或侵犯了。情绪启示你起身表达，或捍卫自己的边界。

过去我在职场中是个老好人，总是站在对方的角度替他人考虑，有一个同事就时常利用我这一点，给我加工作，把界限不明甚至额外的事情推给我做。虽然在这种逆来顺受当中，我锻炼了自己的能力，但是我逐渐觉察到了我的这种顺从人格并想改变。有一次他又在电话里劝说我："领导很看重这件事，也只有你能做，就交给你了。"拿着手机的我，感觉心中升起了一团怒火，身体都有点儿发抖，我深呼吸了一口气，然后坚决地回复道："不好意思，我确实有其他工作要做，这件事你还是找其他人吧。"可能你觉得这没什么，但对于当时的有些"软弱"的我来说，这可是少有的捍卫自己边界的举动。

2）恐惧、担忧和焦虑，启发你充分准备

你担心发生一些伤害你或者意料之外的事。情绪提醒你要为未来的事情做好充分准备。

培训师的生活充满了挑战，我在上课之前通常会有焦虑不安的心情，因为我不知道会遇到什么样的学员，可能有玩手机的、直接质疑我的……也不知道会发生什么意想不到的问题，比如投影仪损坏、客户临时插入其他安排……这时候我除了听冥想音乐，就是去积极准备。例如，翻看课件，在一遍遍熟悉、演练和修订中，心就慢慢安稳下来了，因为我知道我自己准备得还不错。

3）失落、失望和悲伤，启发你表达或调整行动

你没有得到你所期望的结果，情绪提醒你向他人主动表达，说出明确的需求，或者调整你过高的期望，或者继续努力不要放弃。

2018年年末，在同家人的一次冷战中，我感到深深的哀伤，一夜没睡好的我，早上6点走出门到便利店买了杯咖啡，静静地坐在空无一人的休息区，听着往日觉得空灵现在却觉得悲伤的音乐，眼泪涌出了我的眼眶，随着翻看

57

手中的一本佛学的书，我渐渐恢复了一点力量。我做了两个决定，一是不管别人怎么做，我都要好好爱自己，做自己要做的事；二是向家人明确提出我的需求，告诉家人某件事对我很重要。之后虽然家人不是每次都记得做那件事，但是家庭氛围好了很多。而家人不记得或做不到的时候，我也能自己照顾好自己。

4）无聊、厌烦和孤独，启发你接触更大的世界

当下的事物没有给你足够的意义和动力。情绪启示你走出去接触更大的世界，尝试认识新的人、做新的事、读新的书，养个宠物或者仔细琢磨当下事物的非凡意义。

大学的时候，我陷入过深深的孤独中，感觉身边没有能够交流的人，想要上网跟人深度交流，却发现即使带着"锐思"标签的网络论坛，也只是充斥着自说自话、发泄情绪的帖子和留言。但幸运的是我接触到了日本动漫，那段时间我看了不少冷门的但是我觉得很好的作品，这些作品无论是深度还是艺术性都使我很兴奋。我也时常到学校图书馆借书，凭借前人的文字疏导自己的孤独。

5）内疚、自责和羞愧，启发你发现重要原则

你违反了某个你看重的原则。情绪启发你："对不起，我忽视了你的存在，让我想想我可以如何做得更好？"

有一天，因为筋疲力尽，我让我的孩子笑笑在楼下和爷爷奶奶一起睡，我发现他在洗澡之后鼻子有点堵、有点咳嗽，我心里非常担心他会生病，上楼后心里充满了愧疚，以致借酒浇愁。"不是说我今年要多陪伴他吗，为什么没做到呢？"第二天起床后，我决定接下来几天一定多陪陪他。

其次，我们可以用以下三种 Action——高能量行为——去激活高能量情绪。那么，我可以采取什么高能量行为（肢体动作）来激活高能量情绪呢？

1）微笑激活开心

不知道你是否看过足球比赛？哪一位球员给你留下的印象是最深刻的？我特别留意罗纳尔迪尼奥，俗称小罗，他除了曼妙的球技，还有着呲着龅牙

第二章　情绪——加足情绪汽油，飞驰人生高速路

的微笑。球场上无论遇到什么强敌、无论对手的动作多么粗野、无论球迷的谩骂多么恶劣、无论聚集在他身边的记者多么无礼，总能见到他在微笑，人们甚至为此写了一本《罗纳尔迪尼奥　微笑的绿茵精灵》的书。他这种微笑的生活态度，不仅让自己保持好心情，还感染着他的队友。时任队长普约尔说："罗纳尔迪尼奥的能力不仅是赢得比赛，场下他带给我们更重要的价值是，他总保持很高的情绪，因为他总是有个好心情。"

笑不仅能够应对高压力，甚至还能改善抑郁症。一个医学研究小组研究发现：他们在74名抑郁症患者眉毛中间的皱眉肌，分别注射了肉毒杆菌和生理盐水。注射肉毒杆菌的人会因为皱眉肌松弛麻痹而不能愁眉苦脸，结果六周后，52%的注射肉毒杆菌的人的抑郁症得到了缓解，而只有15%的注射生理盐水的人的抑郁症得到了缓解。

因此，无论生活中遇到什么难题，都不妨碍我们带着微笑去解决。例如，每次与他人合影时我总会绽放笑容。"爱笑的女孩运气不会太差"，其实男孩也是这样，久而久之，微笑总会出现在我的生活中。

2）伸展肢体激活能量

我在2019年养成了5点起床的习惯，很多时候到了上午10点我就精神涣散，不能集中精神思考和工作了。这时候强撑下去，效率往往不高。后来我就通过慢跑等运动去改善精神状态，随着肢体的伸展和舞动，疲惫荡然无存，我还能饱览河边绿道美景，我的精神状态改善很多。回到家中，我便又可以高质量工作了。

在我的"培训魔方"培训师培训课程中，为了帮助学员应对紧张心理，我会让他们伸展肢体，伸出双手，尽量扩展，乃至摆出各国领袖自信演讲的手势和动作。逐渐地，他们的自信度提高了，紧张的心情也消散了不少。相反，采用双手搂抱、蜷缩在座位上、垂头低眉的方式，则让人感到不通畅并很压抑。因此，下一次你面对难题时，不妨想象一位成功者的姿态，然后模仿起来，你会发现你会被成功者的心境感染，你的状态也会好很多。

3）叫喊释放压力

肢体的伸展会激活能量，而叫喊则是声音的放大，能够释放压力。在"得到大学"课程中，有一段特种兵嘉宾的分享，他说他本身就是一个不太会控制情绪的人，但他有一个特殊的方法。在严酷的特种兵选拔中，让他最想爆发的是五人小组综合越障训练项目，其中需要他和队友一起把一根很重的圆木抬到指定位置。

这根原木，三个人勉强能抬起来但非常吃力，五个人一起抬看似会轻松不少，但其实一抬起来，他发现并不轻松。因为有的人个子高、步子大，有的人迈得快一点，喜欢倒小步。他在五人中最矮，也就最吃亏，感觉圆木的质量都压在了他肩上。这种质量压得他想爆发情绪。那怎么办呢？他的做法是把情绪喊出来。他这样喊："注意注意，大家步子协调，一二一二一二。"喊几次，大声地喊出来，也就把他的情绪喊出来了，大家跟着他的步子，他顺着大家的节奏，然后节奏无形中就实现了协调。虽然他还是比个子高的队友累和辛苦，但是大声叫喊、一起行动，情绪就过去了。

在我养成 5 点起床的习惯后，我总会发现那时候有人在河边大吼，不知道他们是为了锻炼肺活量还是什么，但我相信，他们在大声叫喊之后心情会好很多。

因此，在你压抑的时候，不妨找一个没有人的地方大声喊出你心中的想法，释放压力、一吐为快。

4. 练习：笑对自己

请你写下你现在的开心指数，用 1 分到 10 分来打分，1 分是一点儿都不开心，10 分是开心到了顶点。接着找来一面镜子对着自己。

然后通过百度等搜索引擎搜索"微笑"或"大笑"的图片，看看他人笑的表情，然后尝试咧开嘴巴模仿至少一分钟，留意镜子里的自己，要笑出皱纹、笑出声来。不必不好意思，现在只有你和开心的你自己，放轻松来玩这个游戏。一分钟之后，感觉下你现在的心情，再进行打分。最后对比游戏前后的

第二章　情绪——加足情绪汽油，飞驰人生高速路

开心指数有什么不同。

以上就是帮助你采取行动的行动模型。情绪是一种能量，本没有好坏，关键在于你怎么看、怎么用。对于你下一次出现的情绪，你准备好采取行动了吗？

本章尾声：

用一首打油诗来总结"情绪"，就是"觉察如呼吸如影随形、调焦如射箭有的放矢、转念如翻掌随心所欲、行动如迈腿大步流星"。

正如本章副标题所讲，"加足情绪汽油，飞驰人生高速路"，现在我们已经加足了汽油，又该飞驰在哪一条人生高速路，去往人生的哪一个目的地呢？

请翻阅下一章"目标"吧。

第三章
目标——成功就是你的目标,其他的都是注脚

第三章　目标——成功就是你的目标，其他的都是注脚

（成为世界上最强壮的人……成为世界冠军）阿诺德，这是你的目标。无论付出什么代价，走到那里去。

——阿诺德·施瓦辛格，《施瓦辛格的计划》

马克·扎克伯格拥有一串令人眩晕的光环：哈佛大学荣誉法学博士学位、Facebook CEO，33 岁时超过巴菲特成为全球第三大富豪。

崇拜一个人，可以看他的成绩，但向他学习，就要看他是如何做的。引起我注意的是，扎克伯格从 2009 年开始，每一年都给自己定下一个挑战目标，在 Facebook 上公布，用接下来的一年时间集中攻克。

每天戴领带上班（2009 年），学习汉语（2010 年），只吃自己杀死的动物的肉（2011 年），每天写代码（2012 年），每天跟 Facebook 员工之外的不同人见面（2013 年），每天写一封感谢信（2014 年），每两周读一本新书（2015 年），全年跑步 365 英里（约 587 千米）并开发私人 AI 助手（2016 年），走遍美国 50 个州（2017 年），修复 Facebook 重要问题（2018 年），发起一系列公开讨论，谈未来科技对社会的影响（2019 年）。

据了解，**扎克伯格的挑战目标的完成情况很不错**。例如，在学习汉语方面他就小有成就：2014 年 10 月在清华大学他已经能够全程使用中文与主持人对话并演讲。在跑步方面，2016 年他不管是在公司、家，还是在度假，或是来中国，跑步都没有间断过，天安门广场也曾出现他跑步的身影，结果刚过去半年多一点的时间，他就完成了 365 英里的跑步目标。在读书方面，2015 年他读了 22 本书，涉猎广泛，从科学到宗教、从健康到社会、从政治哲学到对外政策、从历史到科幻……没错，在这一年里他阅读了《三体》。他不仅自己阅读，还带动很多人从阅读手机媒体信息转向阅读实体书，很多书籍一经公布便在亚马逊上热销到"暂时缺货"。

是不是很棒？如果你也羡慕他实现的这些小目标，如果你也想实现一些你自己的小目标，那么本章一定能助你一臂之力。

首先，我们要通过"眺望目标"来明确方向。与一般人冲动设立、内容空洞的目标不同，扎克伯格设定的目标很具体，大多数目标不需要解释就能明白，而且都能关联在自己的使命和热情上："连接所有人"。

其次，我们要"建立合作"来增强效能。在学习汉语的过程中，扎克伯格不仅专门请了中文教师为自己上课，还努力尝试用汉语与华裔工程师交流。

再次，"细化（实现目标的）阶梯"。他说"365英里"是相当多的跑步量，不过这并不是遥不可及的。我们每天只需要完成一英里，按正常的速度跑，每天不到10分钟即可完成目标。将一年365英里，细化为每天10分钟跑步，是不是简单多了？

最后，我们还要"即时复盘"，以便不偏离方向，积累经验。扎克伯格在Facebook "一年图书"页面上公布自己读的每本书，并分享心得。年末他总结道："这项挑战令我的大脑充满成就感，并且当我从书丛中抬首时，我乐观地憧憬且深信人类社会在以上各领域都将做得更好。"

或许看到这里，你发现要实现一个崭新的目标，还真的不太容易。或许你都打算拖延了："算了，等我退休，实现财富自由或未来的某个奇迹时刻再开始吧。"不过，我要借用扎克伯格在哈佛大学2017年毕业典礼演讲中的一句话来激励你："没有人从一开始就知道如何做，想法并不会在最初就完全成型。只有当你工作时才变得逐渐清晰，你只需要做的就是开始。"

第三章 目标——成功就是你的目标，其他的都是注脚

TMP 眺望法：明确目标，提前创造你的未来

> 减肥成功与否，取决于你脑海里的画面是火锅，还是 6 块腹肌。
>
> ——何平

为了明确目标，你可以运用 **TMP 眺望法**。

- True me——寻找热情：目标从哪里来？
- Measurable——量化目标：你如何知道你的目标实现了呢？
- Picture——视觉化目标：如何记住目标？

1. 困境：不情愿的苦差事

2013 年，小花突然接到通知，公司将她从得心应手的培训经理岗位，调到了企业文化经理这个新岗位。面对这番变动，出于对好工作的珍惜和敬业奉献精神，她答应了。

接踵而至的却是长达 10 个月的彷徨。小花没有想到这个岗位的事务是如此繁杂和困难。企业文化宣传需要布置画框，如此小的工作竟然牵扯到了多个部门、多个领导，拖延了几个月，相关文案几易其稿。虽然上级领导只有一位，但是小花又要受直属总部的诸多上级的指导，可谓左右为难、疲于奔命，加班是家常便饭。更可怕的是，领导还给她安排了体系管理的兼职，负责公司迎接 ISO 三标内外审。前面是怎么推也不想做事的部门兼职体系专员，后面是一点儿忙都帮不上、讲课能把人讲晕的外部咨询顾问，上面是虎视眈眈的副总。

当时的她不知道该怎么办，也不知道该向谁求助，情况也在不断恶化，真的寸步难行。因为没有符合副总的期望，她被口头通知很快会被调到偏远部门，重新熟悉新岗位。

她决定不能坐以待毙，于是在网上修改简历，订阅职位信息邮件，积极准备更换工作。不过就在这时，她的人生发生了奇迹般的转折。一次周末，

她报名参加了一个时间管理沙龙。临近结尾时，组织者提议大家做件事，就是写出一件下周会发生的意料不到的好事。"意料不到，我又能如何想到呢？"在座的每一个人心里似乎都有这样的疑问。"不过就当成一个游戏吧！"大家都很快地写出了答案，她也不例外。她想到这周抽空面试的一家企业对她还挺满意，就写下了"我下周会找到一份自己喜欢的新工作"。

结果下周奇迹真的出现了。不过不是她找到了自己期望的新工作，而是部门领导告诉她："知道你喜欢培训工作，你还是回到你原来的培训经理岗位吧。"她简直不敢相信发生的一切，因为在这家公司，这种合乎员工意愿的变动，甚至可以说是绝无仅有的，而且是在她根本没有提出申请的情况下。神奇的是，事后得知，当初跟她一样写下答案的伙伴们，期望的好事也接二连三地实现了，比如股票上涨。

小花到底做了什么，推动了这等好事的发生呢？我们又可以如何借鉴，从而得到自己想要的东西呢？

2．分析：吸引力法则

现在我想邀请你做一个小游戏。

给你 5 秒钟时间，请你环顾四周，看看到底有哪些棕褐色的东西。5、4、3、2、1，请闭眼。

好了，请回忆这个房间里有哪些绿色的东西，又有多少蓝色的东西。我没有问你到底看到了哪些棕褐色的东西，是不是觉得我骗了你？但是你有没有发现，除了棕褐色，其他的颜色好像从你的大脑里消失了？

你可能觉得有点好笑，觉得何老师坑了你。不管你记得多少件绿色的东西，请睁开眼睛仔细搜寻，看看绿色的东西究竟有多少。你往往会发现搜寻到的数量远远超出了你回忆到的数量。

这就是吸引力法则，强调注意力等于事实。**世界上每一秒都会发生太多的事情，你只能关注你的大脑让你关注的事实。而且当你关注某一类事物时，就会注意到更多的同类事物。**生活中不乏这样的例子。当你想买某某品牌和

第三章　目标——成功就是你的目标，其他的都是注脚

型号的车时，你就会发现路上突然"多了"很多辆这种品牌和型号的车。

那么对于我们如何实现自己的目标，答案就显而易见了，就是不断梦、不断想、不断梦想。即使你把你的秘密潜藏在心里，宇宙也依然能收到信号，然后在现实中让它凸显出来，吸引到相同、相似的人、事、物——其实这些人、事、物一直都存在。小花就是这样做的，她无时无刻不梦想着做培训，于是她得到了参加培训活动的信息，得到了好书，开始写文章，培训大咖也出现在她的生活中跟她交流……最后她如愿地回到了培训经理岗位。

梦想成真，这个词的含义就是，你心里所想的，会变成现实！

3. 方法：TMP 眺望法

TMP 眺望法（见图 3-1）将会帮助你从真我中寻找热情，然后量化目标，最后帮助你形成属于你自己的视觉化目标。

图 3-1　TMP 眺望法

1）True me——寻找热情：目标从哪里来

先请你回答以下几个问题。

- 你小时候有什么梦想？你曾经信誓旦旦地给自己树立了什么目标？
- 过去做的哪一件事，让你觉得价值最大？
- 从小到大，你比别人更擅长什么技能？你要用它创造什么？
- 当拥有什么、成为什么样的人时，你会有最大的快乐？目前的生活中，你有哪些痛苦？其中最大的痛苦是什么？
- 什么是你认为是对的、要用一辈子去守护和完成的事情？
- 你曾经以哪些人为榜样？他们创造了什么事业？
- 假设10年后，你做的最有成就感的事是什么？
- 如果出一本自传，你会为它起怎样的一个名字？
- 你想让世界上的哪些人因为你而过得更好？

当夜深人静之时，你认真回答了这几个问题之后，你的那些目标就已经有了答案。因为这些问题所指也是你的热情所在。它们是你的过去、价值观、天赋、兴趣、信念、榜样、未来、遗产和关系。它们是目标的种子，它们会孵化出你的目标。

请仔细思考，在这些答案里，有没有相同或可以合并的内容。如果有，那它很可能就是你的使命所在。我很喜欢梁宁对使命的释义：使命，就是如何使用你的命。

我发觉我的智慧来自我的价值观，特长是可以处理大量信息以及组织和输出文字。通过发挥我的智慧与特长，我编写了此书。当想到渴望成长的人因为阅读本书而受益时，我就特别开心。你看，结合了过去、价值观、天赋、兴趣等，我就得出了写书是我的目标。而我的学习对象柯维，他的书既有模型，又有协助读者学以致用的练习，所以我的书也是每一节就是一个模型，还附上了练习。

这样说来，目标是不是很好寻找呢？

简单地说，你可以从真我出发，寻找热情。在《学习的答案》这本书里，我将目标定义为"价值、特长、兴趣、信念"四要素，这四个要素也就是前文

第三章 目标——成功就是你的目标，其他的都是注脚

中需要你回答的第 2、3、4、5 个问题的核心。

而在工作中，你的目标是什么呢？站在公司层面，要综合你的工作职责和考核指标；站在团队层面，要特别留意你的客户、上司和同事的需求。为什么要从他人的需求出发呢？因为这样能够避免陷入专业主义的陷阱：仅仅从你的喜好、特点去行动，会做出很多人们不需要的无用功。

具体的做法是，我们可以列出当下的三大重点工作，然后同上司讨论，看是否符合他对你或这个岗位的期望。这样就能帮助你修订出更好的目标，帮助上司形成团队合力，助力公司实现公司的大目标。

2）Measurable——量化目标：你如何知道你的目标实现了呢

很多人无法实现目标，是因为他们不知道目标的终点在哪里，实现后会是什么样子。这样的话，即使他们已经走到目标终点那里，他们也不会察觉。要想解决这类问题，就需要好好衡量你的目标。

1969 年 7 月 20 日，"这是我个人的一小步，却是全人类的一大步。"伴随着尼尔·奥尔登·阿姆斯特朗的声音，"阿波罗 11 号"登月任务宣告成功。

为什么是美国实现了人类的第一次登月呢？你可能会说美国国力强盛，但是那时候苏联的国力也很强盛呀。实际上，1957 年苏联将洲际弹道导弹升级改造后，就成功发射了人类历史上的第一颗人造卫星，又在四年后发射了人类历史上的第一艘载人宇宙飞船并成功进入宇宙空间。

答案是：诸多因素的综合成就了美国登月。其中最大的一个因素，可能同时任美国总统肯尼迪 1961 年的一句话有关："要在 20 世纪 60 年代结束之前，将一个人成功地送上月球并安全返回。"当时的美国国家航空航天局（NASA）虽然已经成立了三年，但是他们的目标却只是"拓展人类对大气层和太空现象的认识"等，实际上是一系列宽泛的空洞口号。

我们比较这两个目标的区别就会发现，前者是具体的、可衡量的：数量是一个人，安全程度是成功去、成功回。对于后者来说，到底做到什么程度才算成功拓展呢？我们如何知道 NASA 将目标拓展到了某种程度呢？不得而知。

正是有了肯尼迪定下的可衡量目标，随后的"阿波罗登月计划"才聚焦于导航、动力和生命支持系统方面。虽然当时飞船电子计算机的计算能力连现在的计算器都比不上，但是各系统最终形成合力，满足了人类登月所需的条件，最终完成了人类历史上最重要的一次探险。

那么，你的目标是可以衡量的吗？有哪些指标能帮助你监控你的目标实现进度？

我在编写本书时，为了掌控进度，用到了字数指标，第一稿我要在印象笔记里完成九万字；也用到了时长指标，每天我要在写作上投入两个番茄钟的时间（约一小时）；还用到了次数指标，每周我要接受一次诗彤老师关于本书写作的教导，主动汇报进度。这样我就能很好地掌控我的下一步行动以及整体的进度了。

这里列出几项常见指标，概括为多、快、好、省、分，供大家参考。

- 数量。你可以用次数、产量、金额、字数等衡量。例如，每周跑步 3 次。
- 时间。你可以用时长、时限等衡量。特别是你在很难找到其他指标的情况下，就用时长指标。因为古人云"功不唐捐"，现在也有一万小时定律的说法。只要你持续地投入时间，一定会离你的目标越来越近。例如，每天跑步 30 分钟以上。
- 质量。你可以用满意度、及格率等衡量。例如，跑步速度保持在 10km/h 以下、5km/h 以上，以 6km/h 为宜。
- 性价比。你可以用投入产出比等衡量。例如，每次跑步时长 30 分钟，热身、洗漱等相关时长 30 分钟，做到时长 1∶1。
- 评分。如果不好量化，我们可以用简约的评分标准。例如，跑步结束后，给自己的精力指数从 1 分到 5 分打分，1 分代表垂头丧气，5 分代表元气满满，看看自己能得几分。

这里还有三点温馨提示。

一是慎重选择你的衡量指标。因为通过它可以看出一个人对目标的理解，

第三章 目标——成功就是你的目标，其他的都是注脚

它甚至可以左右目标质量的高低。例如，有些人想减肥，就以体重大小作为衡量指标，但其实从健康和身形上来说，体脂率比体重更重要，前者是指脂肪质量在人体总体重中所占的比例，体脂率很高的情况下，即使你体重不大，也会看起来很臃肿。因此，选好衡量指标很重要。扩展来说，你又该如何衡量你人生的成功呢？收入、他人认可、著作数量？

二是无法衡量目标时，不妨找一位你效仿的大咖，请教他们的答案。

三是目标可衡量虽好，但不要过量。因为很多时候跨越性、创新性目标是很难被衡量的。过分追求每个目标的可衡量性，会让我们停止创新和成长。例如，很多朋友会以读书数量为标准衡量自己的学习目标，这对于很少读书的朋友是适用的，但是要进入学习的更高境界，就不只是要读更多的书，更重要的是要实现高质量的实践。实践的质量是比较难衡量的，因此，很多人停留在了以提高读书数量为学习目标的阶段，宁愿多刷几本书的阅读量，也不愿去实践一番。

为了走出这个困境，你不妨在一天、一月、一年中抽出一些闲暇时光，不求目的，只闲庭信步，也许你会找到通往你目标的秘径，掌控目标的实现程度，甚至实现更好的目标。

3）Picture——视觉化目标：如何记住目标

都说现在是看脸的时代，其实不无道理，因为图像是让人印象深刻的信息，所谓眼见为实。我们可以把目标画出来，贴在办公桌前、床头和冰箱门上等任何你可以看到的地方，提醒你不要忘记这个目标。

还记得在四叶草多元学习社群第三季的结业庆典上，京米粒老师带领大家畅想未来，当时让大家画出自己的目标。我就绘制了一张目标图，图中是我《学习的答案》顺利出版签售的简图，然后我将此目标图贴在了我的办公桌前，每一天都在激励着我朝着这个目标前进。虽然我遇见了诸多意料之外的困难，但最终实现了这个目标。还记得第一次签售，是在拆书帮蜀汉分舵的年会上，我有点儿紧张，也有点儿不好意思，后背还一直冒汗，情境跟想

象中的有点儿不一样，但是无论如何，我做到了！我的目标图走进了现实。

我很喜欢的喜剧演员金·凯瑞也这样做过。1990年，他已经在好莱坞默默打拼了10年，还没有出名。失意的他做了一个决定，给自己开了一张1000万美元的支票，兑现时间是五年后。然后开着自己早年存钱买下来的残旧小车到了山顶，站在车上幻想自己将来的成功，用这张"假支票"鼓励自己。四年后，他主演的《变相怪杰》大获成功，他因此成了好莱坞片酬最高的喜剧明星。

我还有几个好建议。因为手机已经成为我们最常使用的物品，所以可以将目标图设计成手机壁纸，或者设计成与目标有关的锁屏密码，也可以在手机的常用充电处放置一张纸，纸上画上目标图，提醒自己不要忘记不久前定下的目标。

以下是我的这本书的写作目标画面，分享给你：我的第二本书，将在2021年的世界读书日出版，成为四叶草多元学习社群的会员手册。每一个新入会的伙伴都会得到一本。

这一天，在社群服务平台啡信的最大场地，4月的新会员入会仪式现场，在一阵振奋的音乐声中，每轮六个会员依次上台，作为颁发嘉宾，我带着微笑接过礼仪伙伴手上沉甸甸、带着油墨味儿的新书，依次递给新会员，大家点头表示感谢，我也回应表示荣幸，然后合影留言。分享感言时，大家兴奋地说"一定要认真阅读，还要分享给身边的好朋友，当然等下要何老师好好签个名和写句赠言"。大家对我十分钦佩和信任，我感到非常开心，还有伙伴说要单独跟我合张影。我心想"之前定下每年写本书的目标，好像不可能，但现在终于实现了,这种感觉简直太棒了"。接下来我登台做了一个简单分享，我说道："这本书看似是我写的，但其实是我们一起写的，因为书没知己去读就是废纸，书中知识不被践行就只是噪声。我希望大家与我一起看书并践行，让书里的知识活在我们身上和生活中，我们一起书写这本书，让彼此生活更好。祝福大家。"

第三章 目标——成功就是你的目标，其他的都是注脚

接下来我们在书的扉页上进行了结对仪式，请老会员写下支持、祝福的话语，也让新会员写下他们阅读之后要将书中知识分享给哪位身边的好友。整个活动中，大家眼里都闪烁出激动、梦想的光芒。第二天，我来到企业授课，大家纷纷拿出我的书分享感言，因为培训公司已经提前给大家发放了图书，用来提前预习课程内容。预习节省了讲授基础知识的时间，课上我们有了更多的时间畅所欲言，也展开了深入研讨，彼此都实现了更多成长，整个培训圆满成功，得到了上下一致的好评。

想到这里，我似乎看到梦想已经照进了现实，有点儿兴奋，更有动力去写书了。

4. 练习：张贴梦想

翻出你的手机或家里的杂志，从中找出你的目标画面。你对什么样的画面最有感觉？你要将它放在哪里？你要在它上面添上哪句话，让你一看到它，你的梦想就栩栩如生地出现在你的脑海里？你要写句什么样的话语来激励你自己？

以上就是帮助你提前创造未来的眺望模型。我从2010年起就特别关注时间管理这个主题，当时接触了世界潜能大师、演说家博恩·崔西，无论是他的《吃掉那只青蛙》还是《目标》，都给我留下了深刻的印象，我不断实践并将其开发成多门课程进行讲授。如果问我他的哪句话对我影响最大，那就是"成功就是你的目标，其他的都是注脚"。后来，不管是在我琢磨时间管理的核心与精髓方面，还是在心态、情绪、沟通、表达乃至思维方面，我发现一切都围绕着"目标"二字，没有目标，一切都失去了意义和价值。因此，在本节的结尾我要提醒你："目标，目标，目标！小心你的目标，关心你的目标，操心你的目标！时时刻刻，就是这样。"

3C 合作法：分派任务，聚焦力量发挥长处

> 每个人的时间都是有限的。但我们可以想办法让自己的时间变多。最有效的办法就是付费请人帮我们做事。
>
> ——剽悍一只猫，《一年顶十年》

为了更高效地实现目标，我们需要运用 **3C 合作法**。

- Cost——单位时间成本：我的每小时工资是多少？如何将低于我单位工资收入的事务外包？
- Cooperation——五星级合作：如何跟合作方明确目标的期望结果、验收标准、方针方法、人财物资源、奖励激励等细节？
- Contacts——人脉保险柜：哪些人值得再次、多次开展双赢合作？

1. 困境：左右为难的司机

有一个经典测试：在一个风雨交加的夜晚，你开着车回家，路过一个公交站台，看到有三个人在等公交车：一个急需去医院的病人、一个之前救过你命还未报答的医生、一个你一见钟情的女孩，可是你的车只能带一个人。你怎么选择？

A. 选择病人，说明你很有爱心。

B. 选择医生，说明你知恩图报。

C. 选择女孩，说明你珍视爱情。

D. 让医生开车送病人去医院，你留下来陪女孩等车。

这个经典测试并不是非此即彼的困境。你完全可以选择 D 方案，成为一个聪明的人。同样地，为了实现我们的目标，取得更多成果，我们必须与他人合作。你学会了吗？

第三章　目标——成功就是你的目标，其他的都是注脚

2. 分析：发挥长处

有人说，我的目标我一个人就能搞定，还需要合作吗？其实，能够做到，不一定是最优解。马雪征，曾任联想集团高级副总裁兼财务总监，她清楚地记得上司柳传志的一次发怒。正是那次发怒让她明白了她真正应该做的事，让她明白了团队分工协作的重要性。

"我还在中科院工作的时候，别人总和我开玩笑说，马雪征上至副总理下到车老板都能聊得来，扫地购物办签证，样样都很精通。反正很多小事儿我都能做，也喜欢琢磨。到香港联想工作后，虽然柳传志经常讲搭班子、带队伍，也多次提出希望我能够多带队伍，不要太陷在各种小事里，但我没有特别放在心上。

"有一次，柳传志要去内地出差，我又很麻利地帮他订好了酒店和机票，还做了签证延期等工作。完成后，我愉快地跑去和柳传志说，机票和酒店都订好了，如果需要，我可以和您一起去，如果不需要，工作也都已经安排好了。

"柳传志这次是真忍不住了。他很严肃地和我进行了一次谈话，几乎拍了桌子。他说：'雪征，**我真的希望你能多花点精力去研究如何带一个团队去打仗，将来公司有更多工作需要你去处理，希望你可以承担起更大的任务。**'

"说完之后，他竟然非常坚决地让我把机票和酒店全都退了，让秘书重新订。当时的香港联想还是家小公司，大家都非常节省，退订机票要承担不少损失。我和柳传志说，就不用这么费劲了，有和秘书解释的功夫，我自己早就订完了。

"我永远记得当时柳传志坚毅的表情，他毫无商量余地地说：'这次必须这么做！'

"他希望通过这样的坚决，让我深深记住要提高自己的站位，做更大的事。后来只要谁和我提起订机票，我就会本能地全身一激灵。我也在那一刻，知道了柳传志的良苦用心，也知道了'带队伍'，心中要有更大视野的真正含义。

"十多年之后，我牵头进行收购IBM PC的谈判，我们100多人的谈判队

伍，进行了 13 个月的谈判工作，最高峰时在香港的会展中心订了 13 间房，分成了 13 个谈判小组，整体进行得非常顺利，没有走漏一丝风声。现在想来，如果没有当初柳传志那次退机票事件的一记重锤，我真的领悟不到带队伍、调动每个人积极性的真正含义。"

每个人都有自己的天赋。作为个人，我们需要注意思考"（为了实现目标）什么是自己最值得去做的"，扬长避短。而作为管理者，我们要调动下属的长处，统筹协调。

你可能说自己还不是管理者，其实管理者广义上指的不只是一种职位，更是一种思维。就如《卓有成效的管理者》里提到的，如果你能够做到注重合作和分派任务，不管你职位高低，你就已经是称职的管理者了。相反，很多中高层管理者实际上只能算是醉心于本职工作的专业工作者。

3. 方法：3C 合作法

如何实现高效合作和分派任务（授权）呢？三个要点，即事前确定 Cost，实现低成本；事中进行 Cooperation，开展五星级合作；事后建立 Contacts，建立人脉保险柜。3C 合作法如图 3-2 所示。

图 3-2　3C 合作法

1) Cost——单位时间成本：我的每小时工资是多少？如何将低于我单位工资收入的事务外包

第三章 目标——成功就是你的目标，其他的都是注脚

先来猜一猜。一个行政文员月薪 7000 元，一个销售经理月薪 10000 元，请问谁的收入高？

你会说，这还不简单，肯定是销售经理的收入高。其实不一定，我们来算算账。假设行政文员是 965 工作制，每天上班 8 小时（除午休），一周工作 5 天，而销售经理是 996 工作制，每天工作 11 小时，每周工作 6 天。假设一个月工作 4 周，前者花费 160 小时（8×5×4）赚 7000 元，每小时收入约 43.8 元，后者花费 264 小时（11×6×4）赚 10000 元，每小时收入约 37.9 元。虽然销售经理的月薪总额高，但是显然行政文员的单位时间工资更高一些。

计算出自己的单位时间工资有什么意义呢？它可以作为我们是否需要外包一项工作的依据，以确定到底是自己做一项工作更好，还是请别人帮忙更划算。

你不是在雇用别人，就是在雇用自己。任何一件事，不是你以你的工资聘请自己做，就是你以别人的工资聘请别人做。具体地说，如果你的时薪乘以完成一件事的时长大于别人做同一件事的酬劳，你就该将此事外包给别人去做。

例如，你的月工资为 10000 元，打扫家庭卫生需要花费 3 小时，还得花费 1 小时休息，以恢复精力做其他事情，则你自己打扫家庭卫生的成本约为 230 元［（10000 元/21.75 天/8 小时）×（3+1）小时］（注：21.75 天是法定制度计薪日，8 小时是法定每日工作时长），而雇用一个钟点工打扫家庭卫生同样要花费 3 小时，那么只要他的每小时酬劳不高于 76.7 元（230/3），你就该把这件事外包给他，然后做更有生产力的事。（以上是对纯经济价值的计算，前提是你不会从打扫家庭卫生中得到其他乐趣或价值。）

这样算的话，很多常见的事务就都可以外包了，比如做饭，我统计过买菜、洗菜、做菜、吃晚饭和清理餐桌、餐具的时间，总计需要 2.5 小时。你想想看，这些时间内你可以赚多少钱就等于点外卖可以节省多少钱，或者，点外卖可以帮你节省多少时间做你想做但没时间做的事？就拿 2019 年北京

平均房价 62857 元/平方米来说，100 平方米的房子假设厨房为 10 平方米，那么厨房的价值约为 63 万元，你想想换成外卖，可以吃多少顿、节省多少时间。

"打工皇帝"唐骏曾经有这样一番言论："我住的房子是租的。"绝对买得起房子的唐骏一直租住在上海的一家宾馆里，而且一住就是 10 年，每个月的费用是 12 万元。为什么他宁肯每个月花费 12 万元住宾馆也不愿意买房子？面对众人难以置信的目光，他是这样算账的："在上海买同样质量的房子至少要花 2500 万元，2500 万元拿来自己投资，我相信年回报率至少为 30%，保守一点，按 20%来计算，2500 万元每年的回报就是 500 万元，而住宾馆一年才花 150 万元……我从中间还赚了 350 万元。"这就是富人思维，从投资角度而不是别人怎么做我就怎么做的角度去管理财富。对此，你有什么启发呢？

通勤交通也是这样，从我家到社群服务平台啡信春熙店，坐公交需要花费 1 元和 50 分钟车程，而坐出租车需要 24 元和 22 分钟，只要我半小时工资大于 23 元，我就应该坐出租车。（即使坐公交同样可以处理公务，但效能肯定不太好。）

我们在很多事情上，其实已经开始运用这一原则了。例如，你不会为了穿毛衣去学习编织，对吧？那就扩展开来，任何别人做起来比你自己做起来更省更好的事情，都可以让他人代劳。

从管理上来讲，除了对你来说低价值的事情值得授权，还有两类工作也值得授权，那就是低风险和对方更擅长的事情。低风险的事情就算别人做错了，也不会给你带来多大的危害，你尽管让他去做。让员工做自己擅长的事情是打造一个完美团队的要旨，成为一个事事擅长的完美的人很难，但组建各具所长的团队是可能的，也是必要的。

2）Cooperation——五星级合作：如何跟合作方明确目标的期望结果、验收标准、方针方法、人财物资源、奖励激励等细节

第三章　目标——成功就是你的目标，其他的都是注脚

确定了需要合作的事情后，如何更好地将目标说清楚，使授权出去的事情保质保量地完成呢？

这就要谈到"授权公式"了，我称之为"五星级合作"，来自我对《高效能人士的七个习惯》里"责任型授权"的梳理和归纳。

"有一年，我家开家庭会议，讨论共同的生活目标以及家务分配。会议结果不问可知，因为孩子还小，我与妻子分担了大部分工作。当时七岁的史蒂芬已懂事，自愿负责照顾庭院，于是我认真指导他如何做个好园丁。"

如果是你要孩子做家务，你会如何说呢？会不会只是一句"好好打扫，一定要认真"？如果这样做，难免信息失真、结果走样，因为你心里想的，跟孩子理解的可能千差万别。

我们来看看柯维是如何做的："我指着邻居的院子对他说：'这就是我们希望的院子——绿油油而又整洁。除了上油漆，你可以自己想办法，用水桶、水管或喷壶浇水都行。'为了把我所期望的整洁程度具体化，我俩当场清理了半边的院子，好给他留下深刻的印象。

"经过两个星期的训练，史蒂芬终于完全接下了这个任务。我们约定一切由他做主，我只在有空时从旁协助。此外，每周两次，他必须带我巡视整个院子，说明工作成果，并自己为自己的表现打分。

"当时并未谈到零用钱的问题，不过我很乐意支付这笔钱。我想，七岁大的孩子应该已有责任感，足以承担这个任务。

"那一天是星期六，一连过了三天，史蒂芬毫无动静。星期六才做的决定，我不奢望他立刻行动，星期日也不是工作日，可是星期一他依然故我。到了星期二，我有些按捺不住。不幸的是，院内脏乱依旧，史蒂芬却在对街的公园里玩耍。

"我感到极度失望，忍不住想要唤他过来整理院子。这么做可收立竿见影之效，却会给孩子留下推卸责任的借口。于是我勉为其难忍耐到晚餐过后，才对他说：'照前几天的约定，你现在带我到院子里，看看工作成绩，好不好？'

"才出门他就低下头，过不多久更抽噎起来：'爸爸，这好难哟！'

能力的答案

"很难？我心里想：你根本什么都没有做。不过我也明白，难的是自主自觉，于是我说：'需不需要我帮忙呢？'"

"'你肯吗？爸爸！'"

"'我答应过什么？'"

"'你说有空的时候会帮我。'"

"'现在我就有空。'"

"他跑进屋去，拿来两个大袋子，一人一个，然后指着一堆垃圾说：'请把那些捡起来好不好？'我乐于从命，因为他已经开始肩负起照顾这片园地的责任。"

"那年暑假我又帮了两三次忙，之后他就完全独立作业，悉心照顾一切。甚至哥哥姐姐乱丢纸屑，立即就会受到他的指责，他做得比我还好。"

柯维是如何让孩子肩负起家庭的一份责任，并提升能力的呢？他说清楚了五星级合作协议。该协议可以简记为"果标方人奖"，可以用谐音"国标（舞）"的一个奖项"方人奖"来快速记忆。

①果（结果）：明确你要的预期结果。"在什么时间，需要实现什么样的具体结果？"

柯维展示了邻居家绿油油、整洁的院子。史蒂芬每周需要说明工作成果两次，周二是其中的一次。这一点类似于 SMART 里的 S——具体化。

②标（标准）：规定业绩标准。"结果必须符合什么要求或标准？"这一点类似于 SMART 里的 M——可衡量。

柯维对孩子工作规定的标准是整洁程度像当场清理了半边的院子，没有纸屑等垃圾，"带我巡视整个院子，说明工作成果，并自己为自己的表现打分"。

③方（方法）：告知行动原则与方法。"要实现以上结果，需要遵循什么原则、运用什么方法或解决哪些问题？"

方法和禁忌："除了上油漆，你可以自己想办法，用水桶、水管或喷壶浇水都行。"

第三章 目标——成功就是你的目标，其他的都是注脚

培训："我俩当场清理了半边的院子……经过两个星期的训练，史蒂芬终于完全接下了这个任务。"

④人（人财物）：给予必要资源。"你可以动用的人、财、物等资源，分别是……？"

父亲有空的时候能够协助。

⑤奖（奖惩）：明示奖惩待遇。"当你做到什么，就会得到相应的金钱、精神、职位乃至组织、社会价值的回报？"这件事情对于个人、组织的价值是什么？

虽然柯维在开始时就说"史蒂芬已懂事，自愿负责照顾庭院"，但是他依然加上了激励，物质上是零用钱，精神上是共同承担家务的责任感。

这种授权性的合作，将成倍提升个人效能，合作伙伴也将得到成长。因此，未来当你想请人帮忙或与人合作时，就不要再简单地说"请你推荐一本好书""我想买台笔记本电脑，你有什么好的建议""这件事很重要，请必上心"等，可根据"果标方人奖"进行详细组织。

3）Contacts——人脉保险柜：哪些人值得再次、多次开展双赢合作

时代越发展，成就一件伟大的事，就越需要一群伟大的人。有一群志同道合的伙伴一起前行，必然比一个人走得更远。有的人建议在生活的方方面面，在会遇到风险、麻烦的各个领域，都要有值得托付的人，如医生、警察、律师、教师等。

我们应该如何甄别值得托付的人？只听言谈肯定不行。只有通过一次次真实的合作，我们才可以看清某个人是否可靠，是否与我们合拍。因此，我们可以先开展五星级合作，然后评估双方是否可以成为双赢伙伴，最后再将对方的名字和可以委托的事写在我们的人脉清单里。我们的人脉保险柜就建立起来了。

4. 练习：外包你的小事

为了腾出时间锻炼新的技能，当前你的哪些例行的工作、事情，如打扫

家庭卫生、带孩子、通勤交通、基础例行事务等，可以试着授权给其他人处理？用五星级合作协议的方式至少详细写清楚一件事。

以上就是帮助你聚焦力量发挥长处的合作模型。最后我要考考你。请问：飞机是谁发明的？莱特兄弟。第一艘蒸汽轮船是谁制作的？富尔顿。如果问你航空母舰是谁发明的，你肯定答不上来，因为航空母舰绝对不是一两个人能搞定的。因此，既然这个时代一定向着团队合作越来越紧密、全球化分工越来越细化的方向发展，那么就张开双臂拥抱你的合作伙伴吧。

NML 阶梯法：分解任务，站在巨人肩上赶路

> 天下难事必作于易，天下大事必作于细。
>
> ——老子，《道德经》

为了明晰实现目标的路径，我们可以运用 **NML 阶梯法**。

- Next——下一步：（为实现目标）下一步需要做什么任务？
- Mentor——标杆：谁成功实现过类似目标？
- List——清单：如何写出任务清单？

1. 困境：十二倍大的问题

1990 年，国际救助儿童会指派史坦宁到越南成立办公室，希望他在六个月内，协助解决当地儿童营养不良的问题。

他抵达越南后，从政府官员和专家学者口中了解到儿童营养不良的问题，起因于公共卫生条件差、平均收入低、乡下人民教育不普及等诸多因素。问题看起来复杂而庞大，即使有六年的时间，应该也解决不了。如果你是史坦宁，你会怎么做？

第三章 目标——成功就是你的目标，其他的都是注脚

2. 分析：模仿标杆

你可能说请求国际援助，但这样治标不治本，而且无法持续得到国际援助。你可能说现在就增加耕种面积或引进新的种子，但是且不说时间上来不及，而且现实条件可能也不允许。那么史坦宁是怎么做的呢？

他决定，不要忙着解决问题，要先想办法复制成功。**史坦宁四处拜访农村，测量各个地区孩子的身高体重，从而发现了一个亮点：一些孩子家境同样不好，却长得比别人高壮。**这个亮点当中一定存在成功的做法——一些家庭做了，而其他家庭没有采用的做法。结果他发现，这些成功的做法归结起来有三点。

1）少量多餐

一般家庭的孩子每天跟大人一样吃两餐饭。高壮孩子家并不比别人家富有，食物量也一样多，但是母亲们把它分成了四餐。事实证明，这样更适合营养不良孩子肠胃的吸收和消化。

2）专门照顾

一般家庭的孩子自行取用饭菜。高壮孩子的母亲们会先把他们的饭菜分出来，确保孩子吃得饱。遇到孩子生病等特殊情况，她们还会鼓励孩子多吃饭和亲自喂养。

3）额外补充

一般家庭的孩子不吃虾、螃蟹和甘薯叶，前两者被视为大人才吃的东西，甘薯叶被视为喂牲畜的低等食材。高壮孩子的母亲们则不这样认为，她们在田里捞出小虾小蟹，和甘薯叶一起剁碎，全部加入白米中煮，增加了孩子的蛋白质与维生素的摄入量。

发现高壮孩子的这些养育秘诀后，史坦宁将这些做法推广到整个村落。相比以前很多专家写的高大上计划，这些做法是其他村民都做得到而且可以持续做下去的小事。六个月后，当地65%的孩子的营养不良问题得到了改善。最后，这套做法总共影响了越南265个村庄、220万人。史坦宁事后说，即使

在失败中仍然有成功的部分。当初如果不是看到了那些成功的部分,他可能在越南待二十年也不会有太大的成效。

这个故事带给了你什么启发?我们在实现目标前,千万不要异想天开,以为自己通过简单计算和想象就可以知道路是如何走的,而是要找到标杆,也就是成功实现过目标的人,去请教他们。

前人栽树,后人乘凉,是再好不过了。我们现在思考的一些问题,大多已经被前人解决掉了。我们只要向他们请教,就可能比较容易地解决这些问题。

3. 方法:NML 阶梯法

我们很容易就能够理解,任何一个结果,必然经过一系列的行动而最终得到。换言之,如果你采取了一些行动,执行了一些步骤,你就会得到一个结果,这就是因果关系。

如何实现目标并且持续做到呢?你要注意做到以下三点:Next——下一步、Mentor——标杆、List——清单,这三点又称"NML 阶梯法"(见图 3-3)。

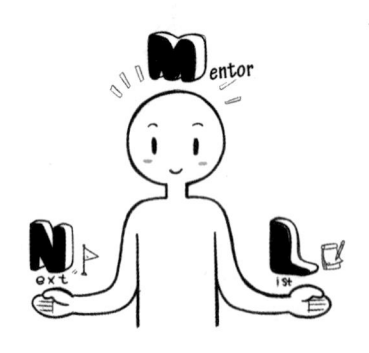

图 3-3 NML 阶梯法

1)Next——下一步:(为实现目标)下一步需要做什么任务

如何才能吃掉一整头大象?一口一口地吃。而"下一步"就是准备好切分大象的刀。

这种方法尤其适合你做过、成功实现过的目标。具体就是不断地追问自己:"下一步的行动是什么?这一步的上一步或下一步,我需要做什么?"得

第三章 目标——成功就是你的目标，其他的都是注脚

出答案，并且要追问这个行动，直到将其细分到具体、可执行的程度。

例如，在一次课程中，一位学员说有件事被她拖延了很久，就是"请老师吃饭"。我就不停地追问她："你下一步需要做什么？"

她回答说："我请客的目的是为了给老师汇报过去一段时间的表现和下一段的计划。这样说来，下一步，我还得事前好好准备汇报，这可是一个烦心的苦差事，或许这就是我把请老师吃饭这件事拖了那么久的原因。而准备汇报的下一步，需要做什么呢？我得去网上找个汇报模板，或者询问下师兄……，如果搞定了汇报的内容，在吃饭方面，我还得问问老师的口味什么的，突然发现分解下来，还有好多事要做呢。"

这样一来，从当下到未来的路径就越来越明晰了，大目标也就分解为一个个不假思索就可以做到的任务了。

如果所有的目标都能这样被分解，就太简单、太好了。但是天不遂人愿，对很多事情你自己很难想象出解决它们的行动步骤，就像本节开篇史坦宁面临的解决儿童饥饿问题的困境。

2）Mentor——标杆：谁成功实现过类似目标

先来听听我的故事。夏季到来之前，很多朋友都会不约而同地想到一件事，就是减肥。

大家通常会怎么做呢？节食。对吧？我们想，要是少吃点就瘦了。还有就是运动。然后我们就去节食、运动，节食、运动，如果感觉好饿，就稍微吃点儿，补偿一下自己。结果呢？减肥通常会失败，我们的体重甚至比原来还要多。

作为一位减肥成功人士，我是怎么减掉 10 多斤体重、练就 6 块腹肌的呢？我也控制了饮食，不过不是节食。节食可能是减肥中最大的误区。我是如何避免陷入这种误区的呢？我得到并主动学习了一篇好文章，这篇好文章来自一位虽普普通通但有成功减脂经验的健身教练。他明确地说明了减肥减的是脂肪，而不是食量，节食是注定失败的。减肥的重点是要吃好：粗粮、

高蛋白、少油盐、少食多餐。

我的减脂经历，跟分解目标有何关系呢？我想问大家，在我们实现一个以往从未达成的目标之前，我们通常知道如何达成吗？答案是我们通常并不知道，我们只是想象通过某种方法可以实现，但是否可靠，我们心里也没底，或许是道听途说，或许是一厢情愿。就像在一片漆黑的森林里，我们想要找到出口，却蒙眼乱撞。

因此，这时候我们最该做的就是模仿标杆，而不是闭门造车。就像前面提到的史坦宁做的那样。

标杆，具体来说指的是与你背景、学历、天赋等相差不大，却因为有不同做法而成功的人。这里的标杆并不是泛指成功的人，因为很多成功的人之所以成功，是因为一些你不可复制的因素。例如，出生在富贵人家的人，更容易借助家族资源获得成功；记忆力超群的人，背一遍书就能记住。很多人是不具备这些条件的。史坦宁在梳理越南农村高壮孩子的家庭信息时，就剔除了不具备代表性的数据，比如，某家男孩的舅舅在政府机关上班，这家男孩就有机会得到额外的食物，这种情况是其他家庭不可能照做的。

假设你在民企工作，那么你的标杆会是你的同事、你的上司、你的上司的上司，而不是某个世界 500 强企业的高管，哪怕他做出了很大的成绩，哪怕你学会了他的本事。因为你们的事业土壤不同，你栽下同样的种子也可能不会发芽。

我们找到标杆后，如何向他们请教呢？可以采用上面讲的"Next——下一步"的方法。除此之外，"为了实现这个目标，你以往做了哪些事？是如何做到的？能不能举个具体的例子或故事？过程中会遇到哪些典型的问题或挑战？你又是如何应对的？"也是向他们请教、挖掘经验的好问题。牛顿说："我之所以看得更远，是因为我站在巨人的肩膀上。"你也要站在标杆的肩膀上，以走得更远。

虽然我们走得更远了，实现了我们的目标，但是我们能不能持续做到呢？

第三章 目标——成功就是你的目标，其他的都是注脚

这时候就需要掌握另外一个工具。

3）List——清单：如何写出任务清单

《清单革命》这本书里提到，20世纪70年代，哲学格罗维茨和麦金太尔联合写作了一篇人类谬误本质的短文，其中指出人类的错误可以分为两大类型：无知之错和无能之错。前者是因为我们还没有掌握相关的知识，如我们还无法很好地治疗癌症，后者是因为没有正确使用已发现的知识，如虽然世界卫生组织建议"为了有效预防至少三分之一的癌症，应该采取不吸烟、多运动、多吃水果蔬菜、少喝酒等简单方法"，但是你有做到吗？

虽然我们无法一下子解决无知之错，但是我们有个方法能立刻改善无能之错，持续、正确、安全地把事情做好，这个方法就是列清单。

你遇到过起床之后打不起精神，没有一丝工作劲头的情况吗？你有过慌忙之中做错一件平日里根本不会出错的小事吗？这些都可以通过列清单的方式轻松解决。

清单说起来很简单，就是将实现目标所需的任务或信息写在大脑之外的一张纸上或电子文档里，通常按照时间先后排序。它可以是一张购物清单，也可以是写在早起清单里的每天早上起床后要做的事情。

例如，我的早起清单就是"称、写、50、煮、日记、学问、周计划、今日要事写入笔记本"。具体就是，起床后第一时间用体脂秤称重，写一张正能量金句便利贴后分享到朋友圈，做50个俯卧撑、仰卧起坐、仰卧后撑，煮咖啡、鸡蛋，在印象笔记里写日记，在《学习的答案》共读微信群里回复信息，翻看笔记本上的周计划，写下今天要做的三件重要的事。大家有没有发现每件事都很具体？是的，你需要将每件事细化到不用大脑思考就可以执行的层级，比如，"发布开会信息"就不如写成"在公司QQ群，发送会议信息，并@参会人，半小时后查看回复情况并补充提醒"。

或许你会说这些小事情还值得记录下来吗？是的，因为你的大脑也许是最好的创意工具，却是最不可靠的记忆设备。将创意记录下来后，你就可以

腾出更多大脑内存，用作其他思考了。

清单说起来的确很简单，我就是凭借它很多次将自己从垂头丧气的早晨沼泽里拖了出来，当完成清单里的一项项小任务时，我就逐渐进入了心流的状态，心情也随之改善。但是如果我已处在早晨沼泽里时才思考我要如何自救的话，我很可能无法保持理性，而是对自己说句"今天还是休息下再说吧"，然后就沉沦下去了。

列清单然后执行绝非少数人的心得，也并不是只限于早起清单。美国医院领域23年排名第一的约翰·霍普金斯医院，由重症监护专家彼得·普罗诺弗斯特在2001年发起了医生准备清单的试验。为了防止中心静脉置管感染，他写下了五步检查清单：①用消毒皂洗手；②用氯己定消毒液对病人皮肤消毒；③给病人全身盖上无菌手术单；④戴上医用帽、口罩和手套，穿上手术服；⑤在导管插入后，在插入点贴上消毒纱布。

这些是医学院常年教授的内容，然而调查表明，实施手术前有三分之一的操作不够规范，医生至少跳过了其中一个步骤。实施手术时，护士将依据这张检查清单提醒医生按照步骤手术，否则需要做出提醒甚至叫停手术。一年的跟踪结果显示，这样的举措成果惊人，中心静脉置管插入感染比例从11%下降到了0，避免了43起感染和8起死亡事故，为医院节省了200万美元。

讲到这里，相信你已经有了写出任务清单的想法了。那么，我们来看看清单里除了任务和信息的描述，还可以有哪些内容。总体来说就是还有"2W1H"。

（1）When——时刻或时长

我的早起清单从5点开始，持续时长1.5小时。开始时刻能提醒我开始行动，而持续时长能帮助我加快行动速度，避免苛求完美带来的拖延，而且当我明确常规任务所需的时长后，我就可以合理地安排一天、一周等的工作量，避免过度计划和疲于奔命。

第三章 目标——成功就是你的目标，其他的都是注脚

（2）Who——人员

当一项任务需要其他人协同时，你就可以在清单中写入人名。例如，在一汽时，我有一张公司例会清单，作为会议主持人，我在召集开会时，就按人名或替补人名进行签到。

（3）How much——资源

当一项任务需要相关资源支持时，你也需要在清单中写清楚。例如，在旅游清单里，你需要写清楚你要带的身份证、护照等资料。

讲完了清单的内容构成，那么我们可以拥有哪些类别的清单呢？事实上只要你觉得有需要，都可以写一张。无论是日例行、周例行等日程清单，还是做饭、组织年终总结等项目清单，都可以。

总而言之，凡是你出过错、新学习的事情，你都需要给自己写一张清单，然后贴在醒目的地方，方便你做事时查看对照。

4．练习：找标杆

这个练习很简单，就是根据自己的目标，找出三个标杆，并请对方吃饭。

以上就是帮助你站在巨人肩上赶路的阶梯模型。我经常在《高效—基于目标的时间管理五步法》课程上讲，一个人能力的高低与他能写出多少好清单有关。那么，你现在敢不敢挑战自己？你能不假思索地写出哪些清单呢？

KCF 复盘法：总结成果，伟业必经三次创造

所有的事都是好事，如果你认为不是好事那是因为没有复盘。

——田俊国

为了总结成果和经验，我们可以运用 **KCF 复盘法**。

- Keep——保持：哪些事情做得好，有效果？

- Cease——停止：哪些事情做得还不够好，没有效果？
- Fix——修饰：今后如何做得更多、更快、更好、更省？

1. 困境：躲藏着的完美

以下是《激发我一生的七段经历》的节选内容，讲述了一个"躲藏着的完美"的故事。

使我的思维保持活跃、知识不断增长的另一个习惯，是该报主编、欧洲一位著名报人给我的教诲。

…………

50岁左右的报纸主编不辞劳苦地培训和磨砺他的年轻下属。他每周都要跟我们每一个人谈话，讨论我们的工作。每年在新年到来之初以及在暑假于6月开始之时，我们会把星期六下午和整个星期日的时间用来讨论此前六个月的工作。主编总是从我们做得好的事情开始讨论，然后讨论我们努力想要做好但又没有做好的事情，接下来讨论我们努力得不够的事情，最后严厉地批评我们做得很糟糕或者本该做却没有做的事情。在讨论会的最后两个小时内，我们会规划接下来六个月的工作：我们应该全力以赴的事情是什么？我们应该提升的事情是什么？我们每一个人需要学习的东西是什么？主编要求我们在一周之后递交自己在接下来六个月内的工作和学习计划。

我非常喜欢这些讨论会，但是一离开那家报纸，便把它们忘得一干二净。将近十年后，我已身在美国，我又想起了这些讨论会。那是在20世纪40年代初，我已成为一名资深教授，开始了自己的咨询生涯，并且开始出版一些重要的著作。

这时，我想起了法兰克福那位报纸主编教给我的东西。自此之后，我每个暑假都会留出两个星期的时间，用来回顾前一年所做的工作，包括我做得还不错但本来可以或者应该做得更好的事情、我做得不好的事情以及我应该做却没有做的事情。另外，我还会利用这段时间确定自己在咨询、

第三章 目标——成功就是你的目标，其他的都是注脚

写作和教学方面的优先事务。

我从来没有严格完成自己每年8月制订的计划，但是这种做法迫使我遵守威尔第"追求完美"的训谕，尽管直到现在完美仍然"总是躲着我"。

你可能认为这位完美总是躲着的人，一个从编辑转行做教授的人，可能没有什么成就。其实他就是被誉为"现代管理学之父"的德鲁克。有种说法是，因为有他的存在，媒体在介绍其他管理学大师时，最高的评价只能是"仅次于德鲁克的管理学大师"。节选里德鲁克运用的方法就是复盘，哪怕他中途忘记使用该方法将近十年，也没有严格执行它，但它依然让他成了"管理学大师中的大师"。你想不想试试呢？

2. 分析：任何创造，必经三次

史蒂芬·柯维说，任何事物的创造，必经历两次，一次是事前在大脑里做计划，一次是通过双手实际创造。而我觉得还需要经历一次创造，那就是事后复盘、反思或者总结。因为我们看似在清醒地生活、工作着，其实很多时候我们陷入了命运循环，浑浑噩噩，不知道真实发生了什么，进而蹉跎了岁月。这时候复盘、反思或者总结就显得非常重要了。

管理学大师查尔斯·汉迪在他的自传《思想者》中也说道："回首往事，我发现原来自己所学的东西中，有那么多是来自我在生活中所遇到的事情，而非正规的学习课程。但是要想从中学到东西，仅仅经历过这些事情还不够，还必须对自己的经历加以思考。"

复盘犹如牛羊等动物的反刍，将生命中那些宝贵的食物再次咀嚼，消化吸收营养。正如一句话所说："所有的事情到最后都会变成好事，如果没有，那就是还没到最后。"编辑德鲁克虽然已经转行，但是十年后再想起讨论会，又能利用报纸主编的方法，将弯路走得有声有色。

复盘是一种逼近真实的勇气，你可以用来验证你原来脑海中的假设是否是真的。我的好朋友、"战拖会"创始人、拖延症咨询师高地清风有一次解答网友的提问，使我产生了极大的震撼和顿悟。知乎网友问："我是一个有着严

重的拖延症的人，我有着完美的计划，但是执行力完全不行，总是只能空想……（希望提供解决建议）"

高地清风睿智地抛出两个暗喻用作回答："我有着一把完美的菜刀，但是执行力完全不行，什么肉也切不动……""我有一所完美的房子，但是执行力完全不行，一下雨就漏水……"显而易见，菜刀的完美是针对切菜切肉而言的，计划的好坏是针对执行成果而言的。但我们往往只看到心里的"完美"计划，却不愿接受现实的"真实"结果，从而不断欺骗自己制订一个又一个"完美"的计划。建议大家搜索高地清风老师的全文解答《有完美的计划，执行力却不行，怎么办？》，你会通过复盘自己的过往而得到顿悟。

这种复盘，可以是一种深层的觉察，你不仅可以复盘出你当下行动的有效性，甚至还可以觉察出你的人生规律，将不良习惯斩草除根。《个体赋能》里提到这样一个例子，"你是一个部门经理，因为安排错了人导致某些工作没有完成"，你可以从纠错层次反思，思考下次安排错了人后如何补救，还可以从预防层次反思，下次不安排这个人做这项工作，进而从治本层次反思，是什么原因导致自己安排错人呢，反思结果是没有"因才适用"，反思成果是要学会有效授权。甚至反思自己，为什么不能做到有效授权呢，根本原因是自己缺乏安全感，担心得力下属超过自己。而当我们通过人性反思解决了内在的安全感，一切表面的症状将会得到根除。

3. 方法：KCF 复盘法

我们将德鲁克的方法简化成 KCF 复盘法。适用于对行动是否达成目标的反思。KCF 复盘法（见图 3-4）能帮助我们扬长避短、不断精进。具体流程是先 Keep（保持好事情），再 Cease（停止坏事情），最后 Fix（做好修饰工作）。

第三章 目标——成功就是你的目标，其他的都是注脚

图 3-4　KCF 复盘法

1）Keep——保持：哪些事情做得好，有效果

回顾已采取的行动，思考哪些是达成了目标的、有价值的、有效果的行动。就像我们在肯德基点餐，记下我们爱吃的，今后复购。

例如，我们可以自问："哪些是我们做得好的事情？"然后将答案写成清单，进而分享给身边的同事或朋友，形成课程课件乃至规章制度等。

2）Cease——停止：哪些事情做得还不够好，没有效果

对于未能达成目标的、低价值的、没有效果的行动，我们就要坚决摒弃。不要因为这种行动是以往我们经常做的、喜欢做的就延续下去。

例如，主编"严厉地批评我们做得很糟糕或者本该做却没有做的事情"就是对人们的警示。我们可以做一张警示清单，用来提醒自己注意并改正这些旧习性。

3）Fix——修饰：今后如何做得更多、更快、更好、更省

通过优化思考，从而不断精进。例如，主编问："哪些是我们努力想要做好但又没有做好的事情，哪些是我们努力得不够的事情？我们应该全力以赴的事情是什么？我们应该提升的事情是什么？我们每一个人需要学习的东西是什么？"得到答案后，我们可以形成工作、学习计划。

稻盛和夫先生就是这样身体力行的，他不亚于任何人的努力精进，让他从身处一家发不出工资的公司里走投无路的职员，成长为唯一创办过两家世界 500 强企业的经营之圣。在《活法》一书中，他提到了对改良的思考："也

许因为我是做技术出身的，不知不觉中，我已经养成了一种经常扪心自问的习惯：'这样行吗？还有没有更好的方法？'从这个观点来看，即使对待一件琐事，也有很多发挥创意精神的余地。

"举一个简单的例子，比如扫地，我们可以从各个角度思考如何做才是更快更干净地扫地的方法，如把一直以来所用的扫帚换成拖把怎么样？向上司申请若干费用，买一台吸尘器如何？等等。另外，在扫地的顺序和方式上也有工夫可做。这样就能把事情做得更漂亮、更有成效。

"对于细小的事情，想方设法进行改良的人和没有这样做的人，长远地看将产生惊人的差距。就拿扫地这个事例来讲，每天反复琢磨如何扫得更干净、更快捷的人也许会独自成立清洁公司并担任经理。相应地，得过且过懒得想办法的人一定依然停留在每天继续扫地工作的状态。"

他是这样说的，也是这样身体力行的。在"Keep——保持"方面，他根据自身经验总结出"付出不亚于任何人的努力、戒骄戒躁"等"六项精进"措施，以作为砥砺心灵的指针，还通过"盛和塾"这个青年企业家发起的稻盛和夫经营哲学社群不断传授经营价值。

在"Cease——停止"方面，他改善了讨论流程。之前每有一个新主意、新想法时，他常召集干部征询意见。后来发现大学高才生通常基于当下情况进行理性分析和反对，最后使新主意、新想法不了了之。这样讨论了几次之后，他调整了初期讨论的对象，不再跟头脑聪明但思维悲观的人讨论，而是与"很有趣，务必试试吧"这样天真感性的人讨论。当然，这并不是说他就排除了前者，而是形成了"乐观地设想、悲观地计划、愉快地执行"的综合解决方案。

在"Fix——修饰"方面，他的管理风格是极度严苛的。对待和他同期大学毕业的研究员，即使这位研究员和部下辛苦了数月、反复实验探索完成的产品已经符合了客户要求，他也会冷淡地说"不行"，坚决要求他们做出他心目中的外表鲜亮的陶瓷产品。最后，研究员突破了极限，成功烤制出了理想的产品。

第三章 目标——成功就是你的目标，其他的都是注脚

稻盛和夫就是凭借这样的精进精神带领当年的乡村工厂——京瓷，击败了具有绝对技术优势的跨国企业，成长为世界一流公司的。这对于你成就自己的事业而言有什么启发呢？

4. 练习：规律事件挖掘

请拿出一张白纸，写下你的身上有什么行为、想法是经常出现的？有什么事情是经常发生的？它们周期性出现的背后原因是什么？

以上就是帮助你总结成果、创造伟业的复盘模型。在我的职场初期，一位老师的签名档像闪电一样击中了我："所谓的神经病，就是每天过着同样的生活，却期望未来有不一样结果的人。"希望你我能够天天复盘，日日改变，不要活成了不思进取、不求改变的人。

本章尾声：

用一张图总结"目标"，就是：

不知你觉得这一章的哪个部分最难？我觉得第三节所讲的阶梯模型部分可以算得上最难。因为只有你缜密地思考，不断地分解和学习标杆的做法，才能探索出合适的前行路径。因此，阶梯模型非常重要而且非常复杂。那如何才能获得这种缜密的思维能力呢？下一章将给你介绍一套好理论。

第四章
思维——没有什么比一套好理论更有用了

第四章　思维——没有什么比一套好理论更有用了

> 你组织在一起的思想绝不是随意堆放在一起的，而是因为你看到了其中的各种逻辑关系……大脑的归纳分组分析活动只有以下三种，时间（步骤）顺序、结构（空间）顺序和程度（重要性）顺序。
>
> ——芭芭拉·明托

我在一汽工作的时候，时任总经理由总部高管兼任，经常在总部办公。一次，他时隔数月后来到公司，开完晨会随即召集了我所在的管理部座谈。短暂寒暄之后，我们每个人开始汇报工作进展。当轮到某位负责行政、后勤工作的同事时，他开始细无巨细地列举近期做的事，什么办公室花卉布置、员工用餐改善，甚至食堂买了几个桶等等都要汇报。总经理刚开始还带着礼貌的微笑，后来脸色就阴沉了下去，直到突然一句"你到底想说什么？"打断了这名员工的汇报。

这种汇报不给力、听众不耐烦的情况，你遇到过吗？其实，世界顶级管理咨询公司麦肯锡的咨询顾问们曾经也遭遇过这样的失败。在一场重大项目的提案汇报前，他们做了万全的准备。团队奋战到次日凌晨，相关资料叠放在一起能高过头，PPT精美到每个图标都闪着光。他们身着职业西服，提前齐聚客户总部最豪华的会议室，翘首以盼客户CEO在会后签上同意合作的大名。

"为了本次项目，我们做了详细的调研，首先……"刚开始汇报，就见一个员工疾步走进会场，向客户CEO耳语了几句，随即客户CEO起身向他们说："对不起，公司有个紧急情况，需要我立即处理，我们只能另外约时间了。"

汇报人刚刚控制住略为失望的表情，正要走出会场的客户CEO转身对他说："不妨和我一起乘坐电梯，简单说说你们的发现。"汇报人就像抓住了救命稻草一样，抱起一堆资料冲进了电梯间。可是电梯里只有短短几十秒的时间，他说的是糊里糊涂，客户CEO更是听得一头雾水。更糟糕的是，因为这次不成功的汇报，客户对他们的专业产生了质疑，这个项目最终流产了。

这就是电梯法则的故事。如果给你乘坐电梯时的**30秒**，你没能讲清楚一个话题，那么再给你30分钟、3小时也很难讲清楚。这本质上不是表达的问题，而是思维的问题。你可能想"哇，思维，这个不可捉摸的东西，我可能永远都无法驯服它"。不过不用担心，世界顶级管理咨询公司麦肯锡痛定思痛，研发了一套让你思维清晰、表达有力的思维方法，那就是本章要讲述的"金字塔原理"。

我作为《结构性思维》(被誉为汉化版《金字塔原理》)在西南认证的首批优秀讲师之一，将结合十年的实践和在中国邮政、中国石油等企业授课近百场的经验，为你深入剖析如何思考。第一节使用金字塔八字诀概述了金字塔模型是什么。第二节到第四节对金字塔模型进行了剖析，深入讲解了三大子结构：纵向结构、序言结构和横向结构。目的是帮助你整体、细致地掌握这一最具威力的思维工具，使你可以自由变换各类复杂模型，掌握芒格所讲的多元思维，最终具备高效思考、沟通、汇报、写作、记忆、批判性思考和快速解决问题的能力。

那么，你想先通过一句话了解向上司汇报的精髓吗？

在本章开篇的管理部座谈中，我是这样汇报的："×总好，向您汇报我负责的××重点项目的进展。经过大家的努力，已顺利取得第二阶段××成果，目前遇到了××问题，向您请示是否需要向总部申请××资源……"

我为什么要这样汇报？我背后有什么思考？还有其他的汇报方式和思考方式吗？欢迎你研读本章。

金字塔八字诀法：记住八字，实现清晰思考

在对结构性思维一次又一次不断深入（思考）、研究和运用的过程中，我发现金字塔结构几乎无法超越……决定将金字塔结构作为结构性思维的标准结构。

——王琳，《结构性思维》

第四章 思维——没有什么比一套好理论更有用了

为了清晰明了地梳理信息,我们可以使用**金字塔八字诀法**。

- (共)识:什么是共识、背景?
- 矛(盾):什么是矛盾、冲突?
- 问(题):对听众来说,以上内容能够引发他们思考什么问题?
- 答(案)/(结)论:针对他们的问题,答案/结论是什么?
- 问(题):对于以上答案/结论,听众还会提出哪些问题?
- ME(CE):支撑理由/答案,如何符合 MECE 法则?
- (顺)序:每一类答案/结论要按照什么顺序排列?

1. 困境:混乱的汇报

假设你是一家公司的董事长,有一天你的秘书敲门进来,做了如下汇报,你会有什么感觉?

"王经理来电话说他 3 点钟不能参加会议。小孙说他不介意晚一点开会,把会议放在明天开也可以,但是 10:30 以前不行。可是会议室明天已经有人预定了,但星期四还没有人预定。唐总的秘书说,唐总明天很晚才能从外地回来。董事长,会议时间定在星期四 11 点似乎比较合适。您看行吗?"

你肯定觉得有点乱,那么如果让你汇报,你会怎么组织语言呢?

2. 分析:金字塔原理

理解任何复杂信息的第一步是简化,那么原文有几个关键信息/因素呢?五个,分别是王经理、小孙、会议室、唐总和星期四 11 点。它们相互之间有逻辑/因果关系吗?有,前四个因素推导出了第五个结论。那么,我们在做汇报时,先讲哪一部分的内容容易让听众听懂呢?当然是结论。(当然有同志会说,先讲原因也可以讲得很清晰,最后概括一下即可,如"综合人和会议室因素,建议会议时间定为星期四 11 点"。这样做也可以,区别就在于如果原因所含内容过多,我们就需要对其进行概括、精炼,听众才能快速明白我们说的是什么事。）

　　我们可以将前四个因素分为三个人的因素和一个场地因素。那么，在接下来的汇报中先说人，还是先说场地呢？

　　大部分人的答案是先说人，不过我在一类企业里授课时得到的答案大多是先说场地，这类企业就是外企，因为在外企，会议室通常需要预订，无论职位高低。不过无论是前者还是后者，他们的排序逻辑都是按重要程度排序，哪个重要哪个排前面。

　　接下来我们来讲人。汇报时到底要先说哪个人呢？大家会默认先说唐总，因为他级别高。但是小孙有没有可能排在最前面呢？有可能，如果小孙是本次会议的主汇报人，就应该将他排在最前面，没有他，这个会议是无法召开的。

　　无论你先说唐总还是小孙，做汇报的背后均遵循着同一个原则，就是按重要程度排序。

　　这个汇报困境的一个解决方案就是："董事长，会议时间定为星期四 11 点，可以吗？那时候人齐、会议室也能预约，唐总、王经理和小孙都有空。"

　　我们再仔细思考一下，如果我们直接开门见山地说"会议时间定为星期四 11 点"，很可能产生一个问题。董事长很可能不知道我们说的是哪个会议，毕竟职位越高会议越多，董事长当天很可能不止有一个会议。这时候，我们根据原文推理出原定会议时间是下午 3 点，因此，我们的解决方案变成了"下午 3 点的会议，推迟到星期四 11 点，可以吗，那时候人齐、会议室也能预约，唐总、王经理和小孙都有空。"

　　这个解决方案其实还有瑕疵，因为董事长在听到推迟会议时间的消息时，很可能在想"好好的，为什么要换时间呢？"因此，我们还得解释为什么原计划不能实行了，我们可以说"因故需要推迟"。

　　最终，我们得到了一个参考答案："董事长，今天下午 3 点的会议，因故需要推迟，您看星期四 11 点可以吗？那时候人齐、会议室也能预约，唐总、王经理和小孙都有空。"（备注：这仅仅是一个参考答案，如果你的答案跟这

第四章 思维——没有什么比一套好理论更有用了

里的不一样,没有关系,因为我们的目的是通过这个案例讲解背后的原理,并没有标准答案。请你写下你的答案以及背后的分析过程或逻辑,也许在后面的小节里你会发现你也是对的,我们的答案殊途同归。)

讲到这里,你肯定很好奇,我们不是讲思维吗?怎么讲了这么多会议安排的事情,又不是每位读者都要做秘书。其实,我们并不是为了讲会议安排,而是通过这道题,测试大家的逻辑思维能力,进而解读一个非常有价值的思维模型:金字塔模型。

金字塔模型最早由世界顶级管理咨询公司麦肯锡提出,由传奇女性芭芭拉·明托在《明托金字塔原理》一书中详尽阐释,该书国内译本为《金字塔原理》。我将金字塔模型总结成了八个字:识矛问答,论问 ME 序(见图4-1)。它还可以分成三个子结构:纵向结构、序言结构和横向结构。

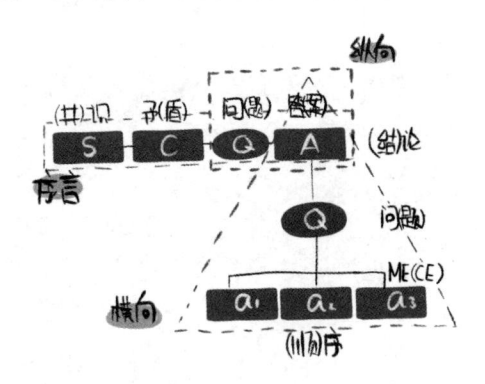

图 4-1 金字塔八字诀法

当你注意到整体部分即横向结构时,你会发现这种三角形的结构很像金字塔,这也是这个模型得名的缘由。同时,你会发现这不就是小学作文三大结构之总分结构嘛,我们还有分总和总分总结构呢。

之所以强调金字塔模型非常有价值,是因为它简要地涵盖了所有的思维结构。所有的思维结构可以分为以下两类。一类思维结构的各要素是平行、平等关系。例如,"重要、紧急"时间矩阵,"事实、感受、需求、请求"非暴力沟通模型等。另一类思维结构的要素之间有递进、因果关联的关系。例如,麦肯锡解决问题的"七步法"等。金字塔模型里的序言结构就是平行结构，横向结构则展现了要素之间的因果关联。

因此，打个比方来说，金字塔结构堪称思维结构里的"永"字！如果你练过书法，不论你练的是硬笔书法，还是软笔书法，你就一定会与一个字难解难分。它就是"永"字。细细观察"永"字，你会发现，它几乎涵盖了汉字的所有基本笔画，点、横、竖、折、钩、提、撇、捺，即"永字八法"，所以"永"字是书法领域的"点金石"。也就是说如果你写好这个字，就具备了练好书法的扎实基本功，你写其他任何字，都可以水到渠成。

综上所述，**你掌握了金字塔结构，再去拓展其他思维结构就顺理成章、迎刃而解了。**可以说金字塔结构是基于 **2080 法则**学习思维结构的**最优解**！它还兼有纵向结构，纵向结构可以帮助你跳出自己的固有思维结构，拥抱他人的思维结构和需求。

本章后三节将按照纵向结构、序言结构和横向结构三大子结构的顺序进行讲解，引领大家深度认知和应用金字塔模型。

3. 方法：金字塔八字诀法

只要我们掌握了"金字塔模型"，能够灵活运用"金字塔八字诀法"，我们进行日常沟通时就可以从上到下做对话，逐一通过提问和回答的方式来结构化梳理信息了。"金字塔八字诀法"的八字诀依次是"识矛问答，论问 ME 序"。你可以用谐音来记忆：时髦（的）问答（游戏），论文（的）秘（密顺）序。这里以本节开篇案例为例展开剖析。

1）（共）识：什么是共识、背景

在对话之前，什么事情是秘书和董事长都知道的？大家都知道原定下午 3 点要开会。

2）矛（盾）：什么是矛盾、冲突

事件背后发生了哪些董事长不知道的事情？这里的矛盾、冲突是：因为王经理不能参会等种种原因，不能按原定时间开会了。

第四章 思维——没有什么比一套好理论更有用了

3）问（题）：对听众来说，以上内容能够引发他们思考什么问题

如果董事长听到不能按原定时间开会，心里最先想到的问题是什么？参考问题是："那推迟到什么时候开呢？"

4）答（案）/（结）论：针对他们的问题，答案/结论是什么

针对董事长的问题，汇报人的答案/结论可以是："推迟到星期四 11 点开会。"（注意："识矛问答"里的"答"和"论问 ME 序"里的"论"是同一个内容，是处在不同结构里的不同表述。因此，应用金字塔八字诀，我们只需要解答七个问题。）

5）问（题）：针对以上答案/结论，听众还会提出哪些问题

董事长可能还会提出问题："你说星期四 11 点，那为什么要定在这个时候呢？"因为唐总、王经理和小孙三个人都在，会议室也可以预约。

6）ME（CE）：支撑理由/答案，如何符合 MECE 法则

如果需要罗列清晰、全面的支撑理由/答案，应该有哪些？支撑理由/答案应该包含人和会议室这两大类因素，人这一大类因素包含唐总、王经理和小孙。

在此简单介绍 MECE，它是 Mutually Exclusive 和 Collectively Exhaustive 的首字母缩写，意思是"没有重叠（相互独立），没有遗漏（完全穷尽）"。MECE 法则可能是明托在《明托金字塔原理》一书中最独特、最重大的贡献。在此之前，我们说某某的思维很清晰，往往只是一种大体上的形容。但是有了 MECE 法则后，我们就有了一把明确的尺子，只要某个思维分类的各个部分符合这个标准，我们就可以说这种思维分类是清晰的、全面的。例如，按照身份证对性别的分类来说，可以把人分为男人和女人，是符合 MECE 法则的，因为分类清晰、全面，男女没有重叠，也没有遗漏。而如果把人分为男人和未成年女性，就不符合 MECE 法则，因为分类虽然清晰，做到了不重叠，却没有做到全面，缺少了成年女性这一群体。如果将人分为男人和上班族，也不符合 MECE 法则，这种分类既重叠，男人群体里有上班族，上班族群体里

也有男人，也不全面，缺少非上班族的女性。

7）（顺）序：每一类答案/结论要按照什么顺序排列

在汇报顺序上，按照一般情况下的重要程度排序，就是先说人，再说会议室。人里面先说唐总，再说王经理，最后说小孙。在本章第四节，我们会介绍常见的三大顺序。

采用一问一答的方式，我们也会得到相同的参考答案。我们现在回顾答案并模拟沟通。首先我们会提及对话双方都知道的事情，即"今天下午 3 点要开会"，让董事长意识到"哦，你原来要说这件事"。然后，我们反映了"会议因故需要推迟"，董事长会说什么呢？他会问："会议开不了了，那什么时候能开呢？"接着我们针对这个疑问，对应回答："星期四 11 点，可以吗？"接下来，如果董事长问道："为什么定这个时间呢？"我们再继续回答："因为这时候人齐，会议室也有空。"如果董事长继续问："具体是哪些人呢？"我们再对应问答。

综上所述，运用金字塔八字诀法，通过解读七个问题就能将信息梳理清楚，使事情得到完美解决。

4．练习：请运用金字塔八字诀法梳理小区温馨提示

温馨提示

尊敬的业主/住户：

为了您和他人的健康，为了保持小区的美丽与温馨，请将生活垃圾放入单元门前垃圾桶内，不要堆放在过道中或者从窗户抛出。

近期秩序维护员巡查时，屡次发现楼道内有宠物拉屎、撒尿的现象，严重污染了楼道的空气与小区的居住环境。

为了您和他人的健康，为了保持小区的美丽与温馨，请养宠物的住户在遛狗时自觉系上绳链，及时清理粪便。并欢迎大家相互监督，共同营造美丽清新的居住环境。

第四章 思维——没有什么比一套好理论更有用了

电动车进入电梯会造成通道阻塞,为了您、您的家人与邻里的安全,为了方便大家通行,禁止任何电动车乘电梯进入楼层。舒适安全的居住环境需要广大业主共同维护,感谢您的理解和配合!

××物业服务有限公司

日期

以上就是帮助你实现清晰思考的金字塔模型。《金字塔原理》是一本很有争议的书,有人奉为圭臬,而有人视之鸡肋,戏谑作者自己都没有用金字塔原理将金字塔模型讲明白。我很乐意将我的经验分享给你,十年前我第一次得到这本书,七八年前我则抱着这本书仔细研读,写秃了好几支笔,画满了好几本笔记本,有时候真有些走火入魔的感觉,觉得头脑都快不够用了。功夫不负有心人,终于有那么一瞬间,我"想"透了、顿"悟"了,于是,一切之前觉得杂乱的东西现在变得井然有序,因为我终于掌握了金字塔模型,能够清晰、全面、有条理、有层次地思考了。那种畅快的感觉无法用言语来形容。梨子甜不甜,你亲口尝一尝才知道,我尝了,现在发现非常甜。

谁问答换位法:他问你答,实现客户导向

一千个读者眼里,就有一千个哈姆雷特。

——莎士比亚

为了实现客户导向,我们可以运用纵向结构**谁问答换位法**。

- 是谁:客户/沟通对象是谁?
- 问啥:对于某话题,他有什么问题或需求?
- 答啥:什么答案能解答他的问题/满足他的需求?

1. 困境：鸡同鸭讲的好心

你正站在走廊与朋友们说话，我漫步走到你面前说："要去洗手间，你得先下两层楼，打开左手边第三个门。"随后，我转过身就走开了。你挠挠头，纳闷为什么公司没有强制进行药检。

两个小时后，你想上洗手间，你到处找我，因为身边人似乎都不清楚洗手间的位置。最后你找到了我，问道："你刚才说洗手间在哪儿，能再说一遍吗？"我回答："洗手间？你知道吗？古希腊时人们就为男士准备了专门的洗手间，古希腊人把这一习惯传给了罗马人，而罗马人则改进了洗手间外观……"在我絮叨到中世纪之前，你肯定已经憋坏了。

这个克拉斯·梅兰德讲述的笑话，虽然肯定是编出来的，但其实生活、工作里不乏这样答非所问的尴尬。

2. 分析：基于需求给答案

人类的思维和沟通，归根结底就是由一问一答组成的。在沟通中针对对方的问题作答，就能引起对方的兴趣，反之则鸡同鸭讲、话不投机。因此，可以套用一句流行语，叫作"凡是不从客户需求出发的交流，都是浪费客户的时间"。

那怎样才能真正做到换位思考，说出对方喜欢听的话，给出对方满意的答案，满足对方的需求呢？很简单，只需要我们掌握金字塔模型里的纵向结构就行了。

纵向结构是什么呢？它又称"问（啥）答（啥）"结构，即对方问什么，你对应答什么，英文缩写是QA。它能帮助我们思考客户的需求，从而针对性作答，实现客户导向、换位思考。

继续解读本章第一节的会议改期案例，在董事长得知会议无法如期召开后，参考答案里我们假设他的问题是"那改到什么时候开会呢？"我们对应的回答是"星期四11点。"

注意，这里是假设。那有没有可能董事长想的是其他问题呢？有可能。

第四章 思维——没有什么比一套好理论更有用了

例如，假设会议前不久，董事长反复强调了公司会议时间不得随意更改。那么，你还会直接回答会议改期举行的新时间吗？肯定不会。因为你会判断，董事长很有可能更关心"为什么这个会议要改期？"或者"因为什么原因，这个会议必须改期？"因此，你会重新组织答案，将会是"董事长，原定下午3点的会议唐总无法参加，因为唐总在外地出席一个关乎×千万的销售订单项目，无法赶回来。您看会议是否延期？"或者"董事长，今天下午3点的会议，您看是否延期？因为王经理在处理紧要的系统故障，无法参会"等。

总而言之，**你要从董事长最关心的问题出发而给出答案，而非仅仅根据你所了解的情况或者你的所想所思而给出答案。这也是为什么说这个话题没有正确答案或标准答案，因为每位答题人设想的情形、董事长的性格等背景是不一样的。**

扩展而言，具体事情一定要具体分析，很少有方法是普遍适用的，本书的所有方法也是一样。就像《小马过河》这个故事告诉我们的，水深还是水浅，究竟是否需要借助工具、借助什么工具过河，只有小马亲身蹚过河才知道。

沟通、交流不同于解决科学问题，后者强调效率，通常有标准做法，只要按照步骤严格执行，就会有一致的结果。而沟通、交流更注重效能，通常因人而异。例如，如何判断一个方法是否有效？就要看对方的反馈，所谓的效果比道理更重要。即使你接下来学到了一些普遍适用的道理，在实际运用中，也得观察听众的感受，然后根据他们的喜好和能否达成沟通目标而调整。

3. 方法：谁问答换位法

如果你的朋友有一天给你打电话，说"我们一起去吃饭吧"。你的大脑里会出现什么问题呢？

你的问题可能是"吃什么？"那你可能是位吃货，关心吃的食物。

你的问题可能是"有哪些人去呢？"那你可能很喜欢交际，或者只喜欢

107

跟熟人吃饭。

你的问题还可能是"什么时候？在哪儿？"不问吃什么，也不问有哪些人，干脆得很，那你跟这位朋友的关系肯定非常不错。

如此这般，我们就会发现一个万能的问题清单：5W2H。具体是为什么（Why）、什么时候/时长（When）、什么地点（Where）、什么事情/主题（What）、哪些人（Who）、如何（How）、人财物等的投入或产出（How much）。

人通常从这七个方面提出问题然后进行思考，因此，你要想很好地与人沟通，就要首先判断对方当下会思考其中的哪个问题，也就是对方会优先问什么。

当然，在不同的领域，对方可能提出不同的问题，比如，销售中，对方会问"你是谁？你要跟我谈什么""对我有什么好处""你的产品跟对手的产品相比如何""为什么产品值这个价""如何证明你说的是真的""为什么要跟你买？为什么我要现在买"等。

谁问答换位法（见图4-2）的详细步骤如下。

图4-2　谁问答换位法

第一步，是谁？首先要明确提问对象，因为每个人思考问题的方向是不一样的。

第二步，问啥？然后根据提问对象身份猜测对方的问题。

第三步，答啥？最后是对应作答。当我们知道了对方想问什么，我们就能实现良好沟通吗？不是的，我们还需要针对性地作答，说出能让对方认可

第四章 思维——没有什么比一套好理论更有用了

的答案。例如，同样是"我想买台车，找你借两万元钱"这个请求，即使对方都在思考"为什么我要借给你"，针对不同的人，我们接下来的回答也是完全不同的。

例如，对恋人我们可以说："买了车之后，我就可以在周末载你去郊游了。"这样就能击中喜欢外出旅游的恋人的心。

对父母，如果你如上陈述你的理由，可能就借不出钱了。一般而言，父母都是比较节省的，可能对花钱旅游的事情说不。那应该怎样回答父母呢？你可以针对父母关心你的事业发展这一点，跟父母说："买了车之后，我做业务就会更顺利，就能赚更多钱来孝敬你们二位了。"

如果是朋友，你应该怎样说呢？讲到这里，你肯定知道我们需要先分析朋友关心什么，然后做针对性回答。对于一般朋友，他们关心的是你什么时候还、还多少，甚至是你是否有能力还。你就可以说："我两个月后加×利息还给你，可以马上立个借条，如果你不放心，我还可以将××抵押给你。"相信这样就说到对方心坎里了。当然，对于铁杆好友，他对你的请求很可能没有一点疑问，你直接借就好了。

扩展开来，谁问答换位法不仅可以用于沟通，还可以用于一切思考乃至商业模式。例如，在成都有一家叫啡信的第三方社群服务平台，它在成立之初，就明确了各大社群、公益机构是其服务对象，这就是"谁"。这些服务对象有什么问题/需求呢？啡信挖掘出了社群举行活动的三大痛点：没场地、没设备与茶歇、没人气，也就是如何找场地、如何设置投影仪和准备茶歇、如何吸引更多人参与这三大"问"。相应地，啡信推出了大家满意的"答"——多维体系的服务：提供沙龙场地、基础设施、设备与茶歇服务、社群联盟资源整合。精准地换位思考，让他们在短短四年就为2000余家社群提供了良好服务，每月举办300余场活动，每年也会组织社群创交会、社群新经济探索论坛等大型社群活动，前后影响了近百万人。可以说成都成长社群的蓬勃发展，要给啡信记上一大笔功劳。如果你在工作之余，除了吃、喝、住、行、唱，也想成长自己，不妨了解一下啡信，甚至可以参与啡信的活动。

4. 练习：我贡献

明天上班时，请换位思考公司、部门、职位在这个月、这周、今天期望我发挥什么作用？有什么任务、目标？而不是仅仅思考自己习惯做什么。

以上就是帮助你实现客户导向的换位模型。虽然谁问答换位法看似很简单，只有三个要素，但是因为它涉及换位思维、角色转变，所以是不太容易掌握的。大家苦练起来吧！相信大功告成之日，别人都会说"你真是我的知己"！

识矛问答故事法：讲好故事，实现扣人心弦

> 组成宇宙的是故事，而非原子。
> ——穆里尔·鲁凯泽，《黑暗的速度》

为了让思维更有故事性，我们可以运用序言结构**识矛问答故事法**。

- Situation——铺垫背景、提醒共识：故事发生的背景是什么？
- Complication——突出矛盾：主人公遇到了什么挑战？
- Question——点明问题：主人公需要解决什么问题？
- Answer——揭秘答案：主人公采取了哪些行动？得到了什么结果？

1. 困境：难以吸引的听众

我们来看以下三段话，它们有什么相同之处？

"今年过节不收礼，收礼只收脑白金。"

"清明时节雨纷纷，路上行人欲断魂。借问酒家何处有？牧童遥指杏花村。"

"人生中一帆风顺时，我们能保持好心情，但难免有时候会遇上一些不顺心的事，这时候我们容易激动失控或压抑郁闷，那如何才能管理好情绪呢？"

第四章 思维——没有什么比一套好理论更有用了

推荐你学习情绪 ABC 理论。"

你可能说,第一段是广告语,第二段是唐诗,第三段是分享座谈会的开场白,好像八竿子打不着啊。但是它们背后其实有一个相同的结构,就是序言结构。

2. 分析:故事魅力

我现在来讲一个故事。

小明是一个普通人,跟你我有着相同的生活重担和小确幸。有一次,他遇到了某人向他求救,但是他没有理会。后来遇到更严重的情况,促使他决心向着新世界进发。在这个过程中,他面临诸多困难和对手的挑战,也结交了很多伙伴和朋友,受到了恩师的指导,多次灵感迸发,化险为夷。他不仅获得了外在的荣誉和财富,他的内在思想也发生了蜕变,更加成熟智慧。最后,他带着这些收获回到了日常的生活中。

虽然这个粗糙的故事是我即性编写的,但是相信你有似曾相识的感觉,很多人的人生都存在类似的经历。美国神话学家约瑟夫·坎贝尔揭示的"英雄的历险"三部曲:"启程、启蒙、回归"就是对这种人生经历的艺术化精炼。坎贝尔历尽多年,搜寻和阅读了全球各地的神话与宗教故事,将这些故事中的共通的奥秘汇集在《千面英雄》这本百万销量的经典中,而在此基础上演变出的 12 部"英雄之旅"称为西方编剧界的写作模型。好莱坞的很多电影也参考了这一模型,无论是《星球大战》《指环王》,还是《功夫熊猫》,都有《千面英雄》的影子。

正如美国心理学家罗杰·斯坎克所说:"**人类生来并不能很好地理解逻辑,但是却能很好地理解故事。**"因此,我们在呈现思维时,除了精炼的逻辑总结,如果还能附以生动的故事演绎的话,就能顺应我们人类爱听故事的特质,更好地实现逻辑表达。

有朋友说把故事讲好并不容易,需要长期训练,那是否有一种办法能让我们快速、精炼地讲好一个故事呢?有的。金字塔模型里的序言结构就是这样最小化单元的故事结构，它精炼地包含了一个故事的四个要素，分别是Situation（情景、背景或共识）、Complication（冲突或矛盾）、Question（疑问或问题）和Answer（回答或答案）。它可以概括为SCQA，也可以概括为我所说的"识矛问答"。

我们回过头来分析本节开端提到的三段内容，你能找出其中的序言结构四要素吗？

"今年过节（S）不收礼（C），[隐藏了疑问（Q）：那收什么呢？]收礼只收脑白金（A）。"

"清明时节雨纷纷（S），路上行人欲断魂（C）。借问酒家何处有（Q）？牧童遥指杏花村（A）。"

"人生中一帆风顺时，我们能保持好心情（S），但难免有时候会遇上一些不顺心的事，这时候我们容易激动失控或压抑郁闷（C），那如何才能管理好情绪呢（Q）？推荐你学习情绪ABC理论（A）。"

这样一来，讲好一个故事是不是就变得特别简单了呢？

有朋友会说讲故事是否只能用在跟孩子的交流中？其实不是，职场里边也同样需要。我们运用序言结构将故事讲好，就会吸引大家注意我们的表达、喜欢我们的表达，乃至接受我们的表达。

这时我们再来分析本章第一节的会议改期案例的参考答案，该参考答案就运用了序言结构。什么是背景？什么是矛盾？什么是问题？什么是答案？原定今天下午3点开会，这是背景。因为某种原因不能够按原计划开会，这是矛盾。董事长自然而然地会思考，到底推迟到什么时候开会呢？这是问题。最后汇报人对应地给出答案：星期四11点比较合适。这样就完成了一次小小的故事表达。

3. 方法：识矛问答故事法

如何构建序言结构呢？我们需要按照识矛问答故事法（见图4-3）走好以下四步。

第四章 思维——没有什么比一套好理论更有用了

图 4-3 识矛问答故事法

1）Situation——铺垫背景、提醒共识：故事发生的背景是什么

首先，我们要注意高度浓缩背景信息，目的是快速让对方定位、明白你的主题，不要堆砌大量信息。例如，"今天的会议主题是什么""我想找你谈一下××事情"的陈述就可以，不需要讲解召开会议的详细原因或找对方谈××事情的种种原因，比如因为何时、何事、何人而召开会议或找你谈××事情（如果对方关心这些问题，我们可以随后解答）。很多时候，我们的论文成绩不佳，就是因为我们在论文前面说了好多大家都知道的信息，迟迟没有表达我们自己的研究论点和观点。

其次，我们要注意所讲的应该是已知信息，如果是与他人沟通，一定要讲共识或双方都知道的信息。

常见的话术有："今天想找你聊聊××事情""你还记得上次××吗""众所周知，×××""上次我们聊到了××""在××基础上，×××"等。

2）Complication——突出矛盾：主人公遇到了什么挑战

故事为什么如此扣人心弦呢？我的好朋友张帆老师是一位讲故事高手，他说："文似看山不喜平。无论是情节跌宕起伏的大片，还是快速切换的高水平足球、篮球比赛，（其焦点）都在于意外、冲突，甚至故意营造意外。"

因此，构建序言结构的第二步就是突出矛盾，强调发生了什么新变化。

常见的话术有："不幸的是××""但是发生了××""我们遭遇到了××挑战""是不是就万事大吉了呢？不是的，因为××"等。

3）Question——点明问题：主人公需要解决什么问题

在上一步遇到了矛盾、问题、挑战、冲突，人的认知就容易出现偏差，一定会思考某个问题。

问题可以是："接下来会发生什么""原因到底是什么""有哪些解决方法""那到底怎么办""我们是不是应该做××呢""做了之后会出现什么情况"等。

4）Answer——揭秘答案：主人公采取了哪些行动？得到了什么结果

从逻辑上来说，第三步和第四步其实就是上一节的纵向结构。上一节说到答案必须是对方认可的，这是站在对方角度上的思考。那是不是必须是那种一说出来对方就认同的答案呢？不是的。因为我们可以站在双方角度上提出新答案。对方可能对你的某个新答案产生疑问，没有关系，我们不是有纵向结构吗？我们再对应作答就是了。

举个例子，你想向老板建言："老板，向您汇报团队凝聚力的提升方案。上次您提到了要集思广益地提升团队凝聚力，在这方面我们做了不少研究。"这是共识，我相信一般情况下老板都会认同。接下来突出矛盾。"我们以往做的是拓展培训、团建活动，其实效果很短暂，而且时间、费用投入都挺多的。"老板自然会思考："既然老方法效果不佳，那有什么更好的方法呢？"你就可以站在双方的角度上揭秘答案了："我们这次推荐做下午茶歇沙龙，每周五下午，在楼下咖啡馆举行，由公司支出费用。"

老板可能想："说了半天，又来要钱啊。到底划不划算呢？"你可以继续点明问题："老板，您可能觉得这又是一项支出，效果也不一定好，也不知道团队的伙伴怎么看。"

然后你再将答案娓娓道来："对于这三个问题，我们都做了研究。接下来详细给您汇报茶歇沙龙的三大好处，这三大好处是投入产出比更高、预期效果更佳和伙伴看法好。一是投入产出比更高，是因为……。二是预期效果更佳，是因为……。三是伙伴看法好，是因为……。"

当你罗列出客观详细的理性论据，甚至加上对未来愿景的描绘和打动人的情感故事时，你便很容易击中老板的心，得到老板的认同和大力支持。这样就实现了双赢，老板如愿以偿地提升了团队凝聚力，你也可以吃上免费甜点、加深与同事的关系，不是很好吗？

4．练习：序言问题汇报

请参考以下模板，向老板汇报职场问题。

"领导，给您汇报××工作的进展情况。××项目已进展到××阶段，目前遇到了××问题，那如何解决呢？我们有三个方案，您看哪个好？①方案是××；②方案是××；③方案是××。从效果上来说①方案最好，从成本上来说②方案最省，综合来看③方案的性价比最高。领导您看怎么办？"

以上就是使你的思维、思想和观点扣人心弦的故事模型。世界上没有无缘无故的爱，也没有无缘无故的恨，更没有无缘无故的思想。祝愿我们掌握故事模型，让自己的思维、思想像成语故事一样流传千年。

13 总分法：凡事只讲三点，实现清晰思路

> 道生一，一生二，二生三，三生万物。
>
> ——老子，《道德经》

为了清晰扼要地表达思想，我们可以运用 **13 总分法**。

- Why 柜子：我们认为/我的观点是××，因为三个原因。1……2……3……。
- What 柜子：××由三个部分构成，分别是 1……2……3……。
- How 柜子：为了得到××结果，有三步/三个要点，分别是 1……2……3……。

1. 困境：又慢又快的电梯

下面的这个案例改编自《思维力：高效的系统思维》。

小明大学毕业后到人生的第一家公司任职，每天任劳任怨，勤勤恳恳。一天晚上10点，小明下了班走进电梯，遇到了公司总经理。

总经理关切地问："加班到这么晚，很辛苦啊。最近在忙什么呢？"小明连忙应答："是啊，最近很忙。"但一下子不知道从何说起了，虽然做了很多事情，脑子里却一团乱麻。电梯里出奇地安静，虽然只有十层楼，但电梯里的时间却如此漫长。

"叮"，电梯门终于开了。"再见。"董事长说完就出了电梯。"再见。"小明答道。一个千载难逢、展示自己的好机会，自己竟然什么都说不出来！小明十分沮丧，于是他暗暗下定决心，下次一定要大胆说出口！

想不到机会又来了，而且来的是如此之快。第二天，小明早早来到公司，竟然又在电梯里遇见了总经理。总经理说："又见面了，真早啊。"小明立马抓紧时间进行汇报："是啊，最近项目催得急，我也很着急……项目数据有点多……××环节出了点问题，不过××环节倒是挺顺利的……作为公司的重点项目，我很想为公司努力，但是……"

就在小明事无巨细地汇报时，"叮"，电梯门突然开了，还有好多话没说呢，董事长微笑着对他点点头，走出了电梯。唉，又搞砸了，电梯时间实在太短了！

你有过类似的经历吗？或许是走廊里与领导的交谈，或许是会议上突然被抽问，都让你感到大脑空白、一团乱麻，总之你不能很好地表达你的思想。运用本节知识分析这种情况，是你未能意识到大脑的 7 ± 2 局限，也不会使用13总分法。

2. 分析：大脑的 7 ± 2 局限

有喜欢星座的朋友吗？请问，星座是怎么取名的？难道星星真的就排列成了那些动物的模样，由此人类才对应取名吗？肯定不是，我看过星座的实

第四章 思维——没有什么比一套好理论更有用了

际图像后，发现很多星座都不像动物的模样，因为满天星辰实在太多了。我猜测星座名称是没有手机的古人夜间无事可干，于是观察满天繁星然后想象出来的："嗯，这几颗星星有点像……那几颗星星有点像……。"

由此，我们可以发现人类是习惯于分类的。即使是毫不相关的星星，我们也可以强行从中分出类别，然后加以命名。

这种习惯的产生，是因为我们大脑的已开发容量是有限的。1956年，哈佛大学心理学系主任乔治·米勒在《心理学评论》里发表了《神奇的数字7±2：我们信息加工能力的局限》一文。研究指出，**在短时记忆内，一般人平均只能记下7个不相关的项目（如7位数字、7个地名）**。个体差异可能是正负2，也就是说有些人只能记住5个，有些人可以记住9个。

但是，生活中很多内容是超过7+2的，那怎样才能很好记忆呢？这时候就要用上信息编码，比如，将输入信息归类，然后加以命名。虽然2471530121984是一长串数字，远超过7+2的限制，但是我们可以将其理解为24（小时）-7（一个星期）-15（半个月）-30（一个月）-12（一年）-1984（年份），然后再记忆这串数字。再如，记忆或念手机号码时，我们也会分段，把相同的、某种排序、谐音的单位放在一起，如×××××-×××-×××。米勒称这种意义单位为组块（chunk）。学习英文时，我们先学习字母，然后组成单词，学习单词然后组成短句，再由短句到长句，就是这个道理。当我们掌握的组块多了，每个组块的信息含量大了，我们处理大量信息的速度也就变快了。专家的阅读速度比一般人更快，就是因为专家只需要看一篇文章里的几个关键词和句子就能联想到其中蕴含的大量的其他信息，大量信息早就存在于专家掌握的组块里了。

如果长串数字、电话号码和英语可以如此记忆，那么对于纷繁复杂的大千世界而言，则更需要进行信息编码，本节要讲的横向结构就派上了用场。

3. 方法：13总分法

美国投资家，沃伦·巴菲特的黄金搭档查理·芒格，在《穷查理宝典：

查理·芒格的智慧箴言录》这本书中，提出了"多元思维模型"："长久以来，我坚信存在某个系统——几乎所有聪明人都能掌握的系统，它比绝大多数人用的系统管用。你需要做的是在你的头脑里形成一种思维模型的复式框架。有了那个系统之后，你就能逐渐提高对事物的认识。"

他的"多元思维模型"涵盖了历史学、心理学、生理学、数学、工程学、生物学、物理学、化学、统计学、经济学、管理学等多个领域，包括了复利原理、排列组合原理、费马帕斯卡系统、决策树理论等十余种模型。

是不是有点儿眼花缭乱？其实在我看来，万丈高楼平地起，想要掌握复杂的思维模型，必须从基础结构学起。

按照《金字塔原理》一书，横向结构分为"归纳和演绎"两个子结构。本节旨在讲解应用更广泛的归纳结构。接下来讲解归纳结构的最小单元——13 总分模型。一切复杂的归纳结构，都可以由它累积组合而成。它类似一个带着抽屉的思维柜子，任何海量的信息都可以通过置于思维柜子之中的方式实现分类排序。利用这些思维柜子表达思想，就能实现思路的清晰有力。

13 总分法（见图 4-4）是 13 总分模型的方法论。

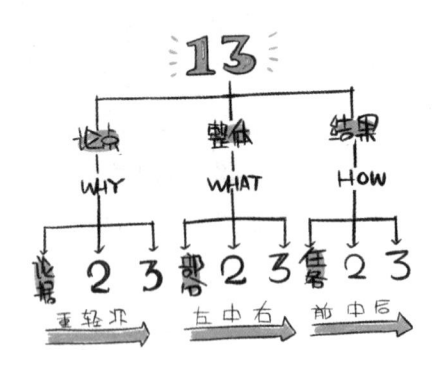

图 4-4　13 总分法

以下是 13 总分模型的三个基础的思维柜子。

1）Why 柜子

它揭示因果关联，用于说服他人。1 指的是结论，类似桌面，3 指的是三

第四章 思维——没有什么比一套好理论更有用了

个原因,类似三个抽屉。

常用的话术是:"我们认为/我的观点是××,因为三个原因。1……2……3……。"1、2、3一般按照程度排序。

例如,上一节论述茶歇沙龙时就是这样组织思路的:"老板,我建议举行茶歇沙龙,因为有三个好处。一是投入产出比更高,二是预期效果更佳,三是伙伴看法好。"

为什么要将投入产出比放最前面?我们是站在老板的角度,根据老板的关心程度进行排序的,假设他最关心投入产出比,其次是预期效果,最后是伙伴看法。

你有没有发现当你掌握了这个"结论-性价比、效果、看法"13总分模型后,在你要说服老板时,你都可以信手拈来:"老板,我建议做××,因为三个原因。一是性价比高、二是效果好、三是看法好。"

这就是13总分模型的威力。如果把表达比喻成快递员送货,你这个快递员因为有了客户习惯下单的购物清单,就可以快速抓取客户最需要的货物,放在他的"Why柜子"里,然后及时、准确地将货物送上门。

在表达思想、说服别人时,除了使用以上三个常用原因,还可以使用哪些原因呢?你可以参考前文"眺望模型"里的衡量指标。例如,会议改期案例里汇报人会按照与会人员的级别高低进行汇报。

2)What柜子

它揭示整体与部分的关系,用于分析复杂事物。1指的是整体,3指的是三个子结构。常用的话术是:"××由三个部分构成,分别是1……2……3……。"1、2、3一般按照方向或者某种特定的顺序排序。

例如,某次项目的资源保障有人、财、物三个方面。我国明天的天气情况普遍是晴天,首先华东地区……。在我左手是……,中间是……,右边是……。上策是……,中策是……,下策是……。这次培训非常成功,在内容方面……,在教学方面……,在演绎方面……。身、心、灵。

以本节开端电梯里的对话为例，针对总经理询问我最近忙什么的问题，我可以用"项目名称+我的角色、我的成果、我的决心"13总分模型作答："领导好，我最近在参与公司重点项目××的攻坚阶段。主要辅助项目总监进行资料梳理的工作。为了做好这件事，我这几天主动加了些班，已经超前完成了任务，得到了项目总监的肯定。我希望未来能承担更多的责任，向前辈们学习，实现更高阶的成长。"这样短短30秒的表达既回答了总经理的疑问，又展示了自己的苦劳和功劳，还让总经理看到了自己的上进心。当然，这只是一种参考思路，如果是你，你会有什么好的13总分模型呢？

大家有没有发现本书中的很多模型都是三点结构的，它能帮助我们快速认识事物、掌握方法。那是不是所有事务都要用三点结构进行分解呢？不是。我们完全可以自行增减，比如，我们既可以将穿衣打扮分为上半身和下半身两个部分进行讲解，也可以将穿衣打扮分为头、颈、肩、躯干、四肢、脚六个部分进行讲解。

除了如前所述的可以用13总分模型快速抓取信息，我们还可以用它来衡量评价。例如，我们常说的"高富帅"就是人的一种13总分模型。"××高富帅平均得分8分，高7富8帅9"，这样就简约地描述了复杂的人。

3) How 柜子

它揭示了事物演变，用于梳理流程、要点。1指的是结果或者概述，3指的是三个步骤或原则。常用的话术是："为了得到××结果，有三步/三个要点，分别是1……2……3……。"

例如，时间——过去、现在、未来；事件——事前、事中、事后；剧情——开场、中间、结尾；人生——儿童、成年、老年。

我在一汽工作时的领导有一段经典的新员工欢迎辞："借用'昨天、今天、明天'，和大家共同分享下过去、现在和未来。昨天你们是莘莘学子，天之骄子……今天你们毕业了、工作了……明天的生活环境是清澈透明、阳光明媚，还是漆黑一片、乱象丛生，一切皆有可能，它取决于你们的努力、拼搏、隐

第四章 思维——没有什么比一套好理论更有用了

忍……。"

以某项目为例，××项目要想成功，需要事前做好精心计划，事中保持密切沟通，事后做好复盘总结。

此外，写文章要做到开场凤头、中间猪肚、结尾豹尾。

人生短暂，儿童时要尽情玩耍，成年了要肩负责任，老年后不忘教诲后代。

以上就是 Why 柜子、What 柜子、How 柜子三个基础的思维柜子，当然我们还可以利用 5W2H 模型，进一步剖析 Where 柜子、Who 柜子，大家可以自行探索。

当我们掌握了单一的思维柜子的运用，就可以组合运用思维柜子了。例如，你的年终总结是按照什么结构书写的呢？你不妨叠加运用两个思维柜子：第一层运用 Why 柜子，第二层运用 How 柜子。具体就是："以下是我的年终总结，我将从年度重点工作、常规工作、其他工作三个方面进行论述。在重点工作方面，我一共完成了 12 项，以下是分步在四个季度的具体完成情况，第一季度完成了三项，具体是……。"

你也可以第一层运用 How 柜子，第二层运用 Why 柜子，具体就是："以下是我的年终总结，我将从四个季度进行论述。在第一季度，我完成了三项重点工作，十项常规工作，十项其他工作。"

你有没有发现，组织结构是可以任意变化的，取决于你运用什么视角。正所谓"横看成岭侧成峰，远近高低各不同"，要想实现对事物的全面认识，就不能"身在此山中"，不能只在乎自己以往的视角而不愿深入学习和了解别人的视角，那样的话就"不识庐山真面目"了，我们也会沦为摸大象的盲人一样的笑柄，顽固地以为自己的看法才是正确的。例如，除了用"高富帅"三点来择偶，你还可以从其他哪些维度来认识一个人呢？

4．练习：三点看法

在每天的生活、工作中，请积极使用 13 总分法进行表达，比如，"对于××话题，我有以下三点看法"。这里给出了以下题目，你可以试着运用 13 总分法进行表达。

- 鼓励职场创意有什么好处？
- 卓越领导人应具备哪些品质？
- 如果让你当一天公司总经理，你会如何安排一天？

至此，我们讲解了金字塔结构的三大结构：纵向结构、序言结构和横向结构，总体而言，正确运用它们，你可以实现分析事物时有角度、能推演、抓核心，与人交流时对方愿意听、喜欢听、容易听。

以上就是帮助你清晰扼要地表达思想、实现清晰思路的总分模型。最后，借用宋代禅宗大师青原行思的参禅三重境界来解说思维的认识过程。他说"参禅之初，看山是山，看水是水"，这就像我们对事物不太了解时，我们会眉毛胡子一把抓，只能对现象有所描述，而且描述还是支离破碎的。对于山，你只有一张照片，因此"看山是山"。接下来是"禅有悟时，看山不是山，看水不是水"，就是说你开始有了模型思维，抓住了类似三个要点的 13 总分模型，可以清晰地简化描述和进行分析。对于山，你可以运用 CAD 建模，因此，此"山"非彼山。最后是"禅中彻悟，看山仍然是山，看水仍然是水"，当你能整体地看待事物，既能从各个角度全面地看待事物，又能细致地深入浅出地感受事物，还能不偏不倚地接受事物的本来面目，那你就真正成了山，山在你心中，你走在山中。

本章尾声：

学完本章，我邀请你做个小游戏。请你使用五秒钟时间记住以下几个数字（不用按顺序）：151225463194。

是不是有点儿困难？如果调整下顺序呢？112439416525。

还记不住？这样呢？ 1 1^2 2 2^2 3 3^2 4 4^2 5 5^2

相信 100% 的朋友都能记住这些数字，甚至还能推导和记住之后的数字。

这就是思维的力量。即使一件事再复杂，我们也可以通过分类、排序、概括、思考等方式提纲挈领地掌握它的核心。人与人之间最大的差别，或许

第四章 思维——没有什么比一套好理论更有用了

就在于此。

如果你未能第一时间做对本题，欢迎你返回本章之初，再次研读。思维就像肌肉，锤炼得越久就能越有力量！

本章第二节已经提出只有站在沟通对象的角度进行思考，才能实现客户导向，但是对于高效沟通来说，这一点认识尚且不够。下一章将告诉你高效沟通的秘密。

第五章
沟通——你想拥有高效、开放且相互尊重的人际合作吗

第五章　沟通——你想拥有高效、开放且相互尊重的人际合作吗

> 假如人际沟通能力也是同糖或咖啡一样的商品的话，我愿意付出比太阳底下任何东西都珍贵的价格购买这种能力。
>
> ——约翰·洛克菲勒

我们完成一件事，实现一个目标，很多时候都需要跟人打交道。沟通能力的高低往往决定了你是否能办成这件事，实现这个目标。有人说沟通是一门艺术，本章将揭开它不可捉摸的面纱，有效提升你的沟通能力。

管理学大师彼得·德鲁克曾经说："你如果无法度量它（一件事），就无法管理它（这件事）。"那么，我们首先就来测一测自己的沟通能力。

请回忆你最近跟人沟通的经历，并按照实际情况给出评分（1分代表该项行为很不符合你的情况，5分代表该项行为非常符合你的情况）。

①和别人讨论重要问题时，我会清晰陈述自己的沟通目的，不会忘记这一初心，从而避免陷入一心想用言语战胜对方的尴尬境地。

②对话之前，我清楚对方的需求和沟通目的。

③在棘手的对话中，我不会跟对方争论不休，会关注对话将给对方留下怎样的印象。

④在表达不同意见时，我能很好地帮助对方理解我的看法。例如，我会先说看到了什么，或者听到了什么，然后再述说自己的感受、想法和观点。

⑤我会邀请对方发表意见。面对不同意见，我不会第一时间反驳，而是会详细了解背后的原因。

⑥我会坦诚地表达内心的感受，而不是用玩笑、讽刺、暗示、退缩来表达。

⑦我会采用记笔记、画导图的方式记录交谈的内容。

⑧交流时，我放下手里的工作或手机，两眼注视着对方，认真聆听。

⑨跟人沟通工作进展时，我会在结尾用简洁的话复述对方的表达，确认自己理解清楚了。

⑩我会结合对方的想法一起做出沟通后的决定，而不是通过权力手段等

强迫对方接受自己的好建议。

⑪发现彼此有不同看法时，我会寻找其中的共同点，而不是奢求能达成所有细节的一致。

⑫对话结束后，对于讨论达成的共识，彼此都能很清晰地明确细节和各自承担的责任，并且兑现彼此的承诺。

在本章，沟通被定义为双方通过听、说等方式，共享全面信息，从而取得承诺并行动，最终实现共同目标并强化彼此关系的合作过程。

我将通过四个小节分享高效提升沟通能力的策略。上述测评题目里的第1~3个、第4~6个、第7~9个、第10~12个依次对应这四个小节。

因此，如果你想高效提升沟通能力，不妨从得分最低的一节开始阅读和实践。通过不断的努力，相信你一定会成为沟通艺术的大师，成就更成功的事业和更和谐的人生。

MYW 三赢法：明确初心，从一厢情愿到两情相悦

如果成功有什么秘诀的话，那就是站在对方的立场看问题，就像是从你自己的立场看问题一样。

——亨利·福特

为了明确沟通目标，我们可以使用 MYW 三赢法。

- Me——我赢：（这次沟通）要实现我的什么目标？
- You——你赢：要实现对方的什么目标？
- We——我们赢：要如何增进我们的关系？

第五章　沟通——你想拥有高效、开放且相互尊重的人际合作吗

1. 困境：突如其来的"逼宫"

经过多年奋斗，你已经成为一家公司的总经理。一天，你正在和公司高管紧张地举行会议。过去六个月，你一直在推行一项降本增效计划，但是直到现在还没有看到明显的效果，为此你专门举行了这次会议。会议已经开了两个多小时，就在你准备聆听下一项成本缩减工作汇报时，刚才汇报的经理有些迟疑不定地站起身来。他神情有些慌乱，眼睛盯着地板，嗫嚅了半天，才说能否提一个让他困惑的问题。你允许了他的发言。

于是这位惶惶不安的经理说道："总经理，过去六个月以来您一直都在想办法让我们缩减成本，大家也在积极地行动。如果您不介意的话，我想说说我们在缩减成本方面遇到的一个困难。"

"很好，你说吧。"你微笑着回应。

"呃……是这样的，你又是让我们双面打印，又是放弃升级老的设备。可你自己却批准了新办公楼的修建，这可是一大笔投入啊……"

你没料到，会议室竟然变成了法庭，而且自己还是被告。你的喉咙顿时有点发干，眉头也紧缩了起来。

这位经理继续说道："有人说光是置办新办公楼的家具就花了 120 万元，是这样吗？"

你感觉头有点儿大，心中也冒出了很多想法。首先，你很想怼回去，因为那座办公楼不是为你修建的，而且那 120 万元不是家具费而是设计费。其次，你也想一笔带过："这件事下次会议再谈，我们听下一个汇报。"

当你遇到这样与你观点不同甚至带着情绪的沟通时，你会怎么做呢？

2. 分析：殊途同归的差异

如果沟通都是交流简单信息就太好了。例如："请问，现在几点了？""5点。"多么简单！可惜不是，即使是显而易见的事实描述也依然可能引起轩然大波。例如："我注意到你今早迟到了。""你就知道挑我的刺！"

面对复杂沟通，我们应该怎么做呢？巴菲特的老搭档查理·芒格曾经说

过一句俏皮话:"如果我知道我会死在哪里,那我永远都不会去那个地方。"我们先来看看我们的对话通常会"死"在哪里。

我们的对话通常会"死"于"打"或"逃"。

当你情绪不好,或有人向你表达不同看法时,犹如在远古时代遇见剑齿虎突袭,你脖子上的汗毛会立即竖起来,体内分泌大量肾上腺素,面红耳赤。血液也从大脑等器官调出,涌向四肢,大脑一片空白,四肢紧张得颤抖。这种无数代人遗传下来的基因传统保证了我们的适应能力,打得赢就打,打不赢就逃。而在现实的沟通中,我们可能言语攻击、讽刺对方,或者选择回避、沉默。

然而我们已经度过了崇尚武力的远古时代,平日里的沟通也不再关乎生死存亡,我们必须走出第三条路来,既不"打"也不"逃"地与他人真诚沟通。

我们来看看你的表现。在面对不同意见时,你放弃了纠着细节指责对方道听途说,也没有掩盖问题、逃避对话,你选择展开三赢沟通。虽然你第一时间有些吃惊、尴尬甚至气恼,但是你很快深吸了几口气,脸上的表情也逐渐放松,你回应道:"嗯,这个问题提得很好。首先我必须感谢你能坦诚地提出这个问题,说明你对公司降本增效非常关注,同时对我非常信任。"

然后,你开门见山地谈了起来:"关于新办公楼,第一,它的修建确实是我批准的,因为这是五年计划内的项目,目的是响应营销部的需要,以改善企业形象,提升来访客户的信任度。第二,我们在公示办公楼各项费用的支出方面做得还不够,让你有了误解。120万元不是家具费而是设计费,稍后我们将全面梳理和公布支出信息。如果涉及不必要的支出项目没有发生的,我们会马上停止,而发生了的,我作为牵头人要进行道歉和反思。第三,再次感谢你将降本增效这个大家的目标放在心中,而且贡献出自己的看法。大家还有补充吗?"

一场会议风波就这样有惊无险地过去了。在这次坦诚公开的对话中,众多参与者都对办公楼项目表达了自己的看法。最后,大家在推行降本增效计

第五章　沟通——你想拥有高效、开放且相互尊重的人际合作吗

划上又有了好多新点子。

你从以上的案例中发现了三赢沟通的关键了吗？每个人对事物的看法可能不同，但是这并不意味着最后只有非此即彼的两难选择。**你可以不把他人的质疑或不同意见视为对自己的攻击，也不需要展开自己的攻击或选择逃避，而应该将其当成对相同目标的贡献，进而协同向目标前进。这就是殊途同归。**你甚至还会发现因为彼此的差异，你们还能产生 1+1>2 的成果。

3. 方法：MYW 三赢法

从你刚才的真诚沟通中，我们可以总结出设定良好沟通目标的 MYW 三赢模型（见图 5-1）。任何一场良好的沟通，都可以实现三赢：我赢、你赢、我们赢，否则会导致任何一方的需求都没有得到满足，或者事情做成了却伤了彼此的情面，影响下次的沟通或者合作。

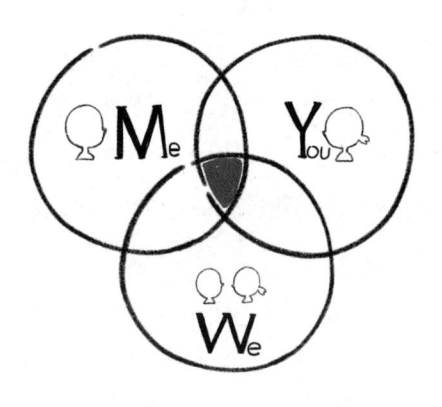

图 5-1　MYW 三赢模型

"我赢"是指我实现了我的沟通目标，比如，上述案例中公司推行的降本增效计划，让更多人强化了对公司目标的关注度并贡献他们的力量。"你赢"是指对方实现了他的沟通目标，比如，上述案例中参与者献计献策，得到了总经理的重视，或者他们想要知道更多关于办公楼项目的信息，也得到了总经理的解释。"我们赢"是指双方在沟通中充分照顾了彼此的情绪，平等友好，比如，上述案例中的总经理多次感谢了参与者的坦诚，参与者也表达了对总

经理的信任。

在开展重大沟通前，我们都值得在心里把 MYW 三赢目标想清楚甚至写下来。

- Me——我赢：（这次沟通）要实现我的什么目标？
- You——你赢：要实现对方的什么目标？
- We——我们赢：要如何增进我们的关系？

例如，你和同事正在沟通明天上级领导来访的接待问题，他提出了做横幅的想法，你心里冒出了"太傻了，上级领导肯定不喜欢这种大张旗鼓、铺张浪费的做法"的想法，但是你并没有直接说出这种带有攻击性的语言，而是在思考三赢目标。例如，我的目标是我希望和他配合好，一起做好这次接待工作；他的目标是他贡献的意见被人肯定；我们的共同目标是通过合作，增进彼此的了解和感情。

这样思考之后，你自然不会选择第一时间指责对方不专业、没经验，而是会努力了解对方建议背后的原因。这样也就避免了对方在被你指责后转而对你反击。双方均不会因为合作不畅而吞下接待失败的恶果。

不可否认的是，MYW 三赢法是不容易练就的，尤其是在被对方质疑的情况下。我们可以采用深呼吸的做法让理智恢复，避免因为指责对方或自己退缩导致双输的情况。而且，即使采用了 MYW 三赢法，对方也可能误解、质疑你的动机，认为你巧言令色。这时你还得将三赢目标说出来：跟对方交流，是为了（你的目标、他的目标乃至共同的目标），而不是（对方以为你存在恶意）。例如："我向你了解制作横幅的细节，是为了和你一起把接待任务做好、做出成绩，贡献自己的力量，而不是吹毛求疵、不信任你。"

总之，沟通前最重要的一项工作是明确三赢目标。如果不知道对话的发展方向，我们很可能陷入对话的细节，失去方向感，导致沟通失败。而聪明的人，知道如何发现第三个选择。在柯维的《第 3 选择》里有这样一个故事：柯维的一位朋友为了进入某行，接受了远低于期望薪资的工作。几个月过后，

第五章　沟通——你想拥有高效、开放且相互尊重的人际合作吗

一些医疗费让他的家庭生活明显拮据起来。他觉得自己薪资太少，跟工作量不匹配，于是找大老板商谈加薪。尴尬的是双方都不太了解彼此，而且他还没有明显的业绩表现。

大老板把他请到了办公室里，没有直接回应他的请求，而是说"多告诉我一些"。他有些惊讶的同时，述说了自己的家庭境况。接着，在大老板的静静聆听下，他谈了很多为公司所做的工作、学到的东西，进而聊到他对公司、客户、产品的看法。

几天后，大老板又邀请他去办公室，并邀请了三四个人一起讨论他对客户的想法。交流很成功，产生了很多成果，他也很兴奋。最终，他被授予了更大的工作职权，承担起了向重要客户提供更重要服务的职责，薪酬也更高了。最终，在公司的快速成长中，他成了合伙人。

这位大老板站在了公司赢、对方赢、双方赢的三赢目标上，从而实现了 1+1>2 的威力。既不是 1+1=0：大老板指责这位朋友，导致不欢而散；也不是 1+1=1：大老板随意打发搪塞，或妥协退让；也不是 1+1=2：大老板让他多承担一些额外普通工作进而涨薪。

4．练习：请猜一猜这位领导沟通时的三赢目标是什么

领导：小明，你最近和同事相处得怎么样啊？

小明：唉，不是很好，昨天还吵了一架。

领导：嗯，我听说了，今天找你交流不是为了批评你，而是观察到你一直以来工作能力很强而且很努力，我希望你为团队做出更大的贡献乃至更快走上管理岗位。因此，找你聊聊团队协作这个话题。你觉得呢？

小明：是啊，领导，这也是我对自己的职业规划。其实，我跟同事相处……

以上就是帮助你明确初心的三赢模型。柯维在《高效能人士的七个习惯》里讲述了沟通的"知彼解己"习惯，Seek First to Understand, then to be Understood，即先理解对方，再寻求自己被理解。三赢目标就是先寻求对方目标的实现，再寻求自己目标的实现，这样经过"知彼解己"的交流之后，相

信大家不仅能取得事业的成功，还能收获亲密的关系。

FCFD 冰山法：坦诚交流，从片面表达到全面交流

> 人际关系中最大的障碍：假设"你"总能明白"我"的意思。
> ——萨提亚，《新家庭如何塑造人》

为了更全面地交流，我们可以运用 **FCFD 冰山法**。

- Fact——事实：我/对方看见/听见/触摸到什么事实？
- Conclusion——结论：我/对方得出了什么结论？
- Feeling——情绪：我/对方产生了什么情绪？
- Demand——需求：我/对方背后有什么需求？

1. 困境：搞砸的手册

你是一名设计师，在一天临近下班时接到了你的好朋友小杨的电话："我遇到麻烦了。"他说他需要设计一个手册，可是原本合作的设计师在外地，没办法处理这件事。因此他向你求助，希望你能帮忙设计一个手册，时间还特别急，第二天就需要打印出来。

虽然你正在跟进其他项目，但是想到是自己的朋友请求帮忙，于是你放下了手头的全部工作，忙到了深夜，完成了手册设计。

第二天清早，手册通过了审核，你也松了口气，虽然自己精疲力竭，但是想到帮了好朋友一个忙，你的心情还是很好的。不过就在你下午回到办公室时，你收到了不好的消息："嗯，你把事情搞砸了，我知道时间很紧，可是……唉，手册里有个图表有点问题，数据也出了点儿错。这样可是不行的，手册要提供给公司的重要客户。我希望你能够马上重新核对，重做一份。"

第五章　沟通——你想拥有高效、开放且相互尊重的人际合作吗

你听到这一切后，又着急又生气。图表数据那点儿出入，根本就可以忽略不计啊。于是你说："我知道这件事做得不够完美，可是那张图已经很清楚了，客户应该不会有误解的。"

小杨："你不能这样说，你和我都知道，这样做是没法交差的。"

你："嗯，我想……其实……"

小杨："这件事上，我觉得真的没什么好讨论的，确实出了错，然后我们尽快改正就好了。"

你："可是你早上审阅的时候，为什么不说呢？"

小杨："要知道，校对并不是我的工作。为了搞定这件事，我承受了超大的压力。现在我只需要你的一个答复，做还是不做。你会把它重做一遍吗？"

你："嗯……好吧，我做。"

虽然这个手册最后得到了完美的修正，但是你们的关系却出现了瑕疵，几个月之后，你依然对此事耿耿于怀，你们也沦为了路人。这次对话，到底出了什么问题？你们之间能不能有更好的沟通方式？

2. 分析：话外之意

从我们日常沟通的习惯来说，小杨说清楚了问题中的事实与自己的观点，比如，他指出了"图表问题和数据差错"，也给出了"重新核对，重做一份"的建议。然而这就足够了吗？其实不然。沟通中没有阐明的话外之意，决定了沟通效果的走向，它们就像更为隐蔽和庞大的冰山下的部分。在这里，我引入了 FCFD 冰山模型（见图 5-2）。

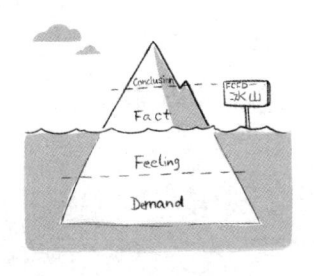

图 5-2　FCFD 冰山模型

在我的版权课程"培训魔方"中,我会邀请学员做一个接纳紧张练习:学员分成两列,面对面站立,一臂之远,双目对视。练习结束后,我会邀请大家分享体会。练习通常有如下四类情形。

- 有人说我不敢直视对方眼睛,眼光总是瞄到其他地方。
- 有人说想到眼睛是心灵的窗户。或说想要逃避,想要说话。
- 有人说我很紧张,有点儿焦虑。
- 有人说时间好长,想要结束这种尴尬。

以上四类情形,概括起来就是沟通领域的冰山模型四要素,依次是事实、结论、情绪和需求。

从"搞砸的手册"的案例中可以发现,那次对话没能实现彼此的情绪、需求的高效沟通。看似你在说:"我知道这件事做得不够完美,可是那张图已经很清楚了,客户应该不会有误解的。"其实你还想说:"真是生气到爆炸,我放下了其他所有事情来支持你,甚至晚上熬夜,没能陪伴家人。你说话不能客气一点吗?"

然而你以为只是你没有说出话外之音吗?不是的。看似小杨在说:"这件事上,我觉得真的没什么好讨论的,确实出了错,然后我们尽快改正就好了。"其实他还想说:"过去好几年,我都设法照顾你生意,可是每次都会出点儿小差错,而且出了差错后,你总是有各种借口,对于这一切,我真是受够了,我需要客户第一、追求完美的工作态度!"就是这些话外之音没能实现充分的表达和沟通,导致双方一方在谈感情,一方在谈专业。话不投机的情况下,负面情绪持续发酵,两人的距离自然而然也越发疏远了。

正如我们不会认为一张照片就代表一个真实的人,我们需要多角度来审视。对话中我们需要注意情绪、需求这样不常表达甚至自己也不自知的部分。全方位沟通,才能沟通通畅。

事实、结论、情绪和需求,这四个方面就涵盖了全部的沟通要素吗?其实不然,这只是我构建的简约模型。大家还可以了解萨提亚的冰山理论,他

第五章　沟通——你想拥有高效、开放且相互尊重的人际合作吗

的冰山理论共有七个层次：行为、应对、感受、观点、期待、渴望与自我。

3. 方法：FCFD 冰山法

我们来一一剖析事实、结论、情绪、需求这四层冰山，然后分析沟通中我们应该如何使用 FCFD 冰山法。

1）Fact——事实：我/对方看见/听见/触摸到什么事实

事实是大家都能观察到的现象。表达事实容易让人接受。但是，很多时候我们会缺少观察，仅凭自己的主观臆断或过度抽象进行表达。

例如，看出对方的嘴角上翘、在微笑，这是事实。我感觉他很开心，其实未必，因为对方的微笑有可能是马戏团小丑的职业微笑。看出对方有黑眼圈，是事实。我感觉他没有休息好，其实未必，因为他的黑眼圈有可能是肤色，也可能是特殊的妆容。看出对方穿着名牌服装，是事实。我认为对方很有钱，其实未必，因为对方有可能是在特殊场合临时穿着名牌服装，对方甚至有可能是精心装扮的骗子。

那要如何学会表达事实呢？你可以想象出一个摄像头，在屋子的一个角落俯视全场，由它来回答现在在发生哪些事实？

当我们如此细腻地观察事实并加以表达后，我们还会得到事实所赋予的力量。"5·12 汶川大地震"中有一位争议人物范美忠，地震发生时正在课堂讲课的他先于学生逃生，后来被人们称为"范跑跑"。你会怎么看待他呢？

在《一虎一席谈》节目中，胡一虎采访了他所在的光亚学校的校长："经过这次言论风波之后，有没有学生的家长向您提出要求或者抗议呢？"如果校长只是回答"没有"或者"他的学生认为他是个好老师"，都会让人觉得校长在敷衍，因为这些都是简单的观点和回复。实际上，当时校长是这样基于事实来回答的："他的学生都没有，学生倒是给我提出说希望一定要开导和原谅（范老师）。他们都还称他为范老师，学生给我发短信说校长你一定不要开除他，要顶住压力，我说我没有开除人的权力，你们不要担心。"

网络上声称是他的学生的网友是这样描述他的："他一开始就告诉我们，

能力的答案

中学历史教材没有什么好教的，接着便开始把我们知道的熟悉的一点点东西贬得抬不起头，又狂轰滥炸般地把一大筐我们闻所未闻的东西捧得天花乱坠。于是第一堂课下来，我们就觉得自己无知得如同白痴……他大谈鲁迅、穆旦、陀思妥耶夫斯基，给我们讲卡夫卡、艾略特、《人间词话》。他曾经倾情地为我们朗诵穆旦的《春》，还曾请来他的一位朋友为我们讲那些陌生的音乐，讲谭盾、叶小钢。他觉得我们是那么地糟糕，却又坚持不懈地传授给我们那些值得和需要了解的名字，仅仅是为了让我们上大学后不会像他当年一样'像个白痴'。从这一点来说，他比其他任何一位老师都看得远、为我们考虑得远，因为他没有任何功利的追求。在相对轻松的高一，他使我和很多同学疯狂地迷恋上了文学——我和朋友从学校图书馆'挖'出了《人间词话》和几本诗集，兴奋地读着、谈论着。

"除了课堂上的范美忠，我还看到过足球场上汗流浃背的'范美忠'，大桥上一手拎菜一手捧书的'范美忠'，小书店里蹲在地上看书的'范美忠'。他是我所见过的把'另类'二字阐释得最准确最自然的人。唯一一次在办公室里见到他是一次期末考试后分发各班批改后的试卷。这种场合的混乱可想而知，每个人都急切地想知道自己的成绩。嘈杂混乱中，他愤愤地嚷了一句：'一个分数就让你们成了这样！'他的话淹没在一片喧哗中。我当时正巧站在他旁边，听见了这句话，从那以后我再没去打听过自己的分数，不管是什么考试。"

这些描述都是基于具体事实的（当然是否是真实的，还需要调研和验证），这种具体事实的力量，是抽象的观点和看法远不可比拟的。

综上所述，我们在沟通中，客观理性而且全面地描述事实是非常重要的。

2) Conclusion——结论：我/对方得出了什么结论

虽然事实很有力量，但事实的表达也只是对外界的描述，你还需要表达你的结论，否则对方可能不清楚你想表达的意思，因为他对事实的理解与你对事实的理解可能大相径庭。例如，网络上有条很有意思的微博："跟我老公

第五章　沟通——你想拥有高效、开放且相互尊重的人际合作吗

说话真的不能绕任何弯。我跟他说：老公我病了，我不舒服，你给我倒杯水，他能听懂。跟他说：老公我发烧，烧得有点口渴，他就不懂了，他就冷静地回复我：那你多喝水啊。这时候一定要说：那你给我倒。不要生闷气。不然他真的不知道我为啥生气。"这条微博的评论数高达 40000+，其中有一条很靠前的评论是"原来大家的老公都这样啊！那我不离婚了……"

人心隔肚皮，很多时候如果你没有清晰地与别人做沟通，别人便很难悟出你想要的结论。电视剧、童话里的心意相通，其实是一种不切实际的艺术加工，不可能一见钟情就白头偕老，也不可能两相情愿就心意相通。

那结论有哪几种呢？结论可以是结果、想法、请求和影响四种。我体温超过 38 摄氏度，我发烧了——说结果，目的是说明因果或概述总结。我体温超过 38 摄氏度，我想喝水——说想法，目的是互通心意。我体温超过 38 摄氏度，你能送我去医院吗——说请求，目的是寻求合作。我体温超过 38 摄氏度，明天没办法上班了——说影响，目的是研讨对策。

3）Feeling——情绪：我/对方产生了什么情绪

观察事实然后说出结论就够了吗？不是的，这只是理性思考的一面，事实上还存在另一面，就是情绪与需求。这是 FCFD 冰山海平面之下的部分。平日里看不见，我们也很少沟通情绪和需求，但它们却像冰山海平面之下的部分一样有更庞大的部分。

如果我们不能疏导负面情绪，恢复正能量，我们就很容易产生攻击他人或自我退缩的行为。如果我们不能探明正向需求，明确方向，我们就很容易鸡同鸭讲。

"搞砸的手册"所述的对话也就是在情绪方面出了问题。那要如何做才好？就是接纳对方的情绪。当然这不代表一定要无条件地认可对方的结论，只是强调要认可对方的情绪。因为情绪可能是非理性的、由不真实的推断产生的，却是真实存在的。

我们来做个练习，各位男士，假设你的另一半有一天对你说"你从来就

不好好听我说话"，你会怎么回应？你不能从事实层面上回应"没有哦，我最近某某次就仔细听了你讲的"，这样的回复等于说是反驳、顶嘴，后果很严重。你也不能直接道歉，你的另一半会说你不真诚。那要如何回应呢？你可以说"看起来你有点儿生气/委屈/着急……"，然后等她来确认你的猜测，对话就可以穿过情绪层层深入，看看到底是什么原因使她产生了这番结论。

4）Demand——需求：我/对方背后有什么需求

情绪只是外在的表现，更深处可以归结为需求的未满足。按马斯洛需求层次理论，我们有生理需求、安全需求、社交需求、尊重需求和自我实现需求五种需求。我们可以在对话时观察并思考对方关注的是哪一层次的需求，从而抓住根本需求去沟通。

需求是多样的，除了以上的宏观的需求，也会有一些现实的需求。例如，女性通常有被宠爱的需求，哪怕她错了，你都要听她的。因为女性通常在理性和身体方面偏弱，因此她们需要得到你的恩宠与承诺，她们需要你把她们当成公主，这样她们才能获得安全感。

假设你是一位骑士，要怎样对待公主呢？不能凶，也不能批评，对吧。不管自己做没做错，都要道歉，对吧。如果你抓住了这些需求，公主就会心安。或者你也可以跟公主讲道理，论公平，就事论事、铁面无私。你觉得哪种做法会比较划算一些？如果我是这位骑士，我觉得我退让一些比较好，因为我爱着公主。

综合以上四点，我们在沟通时要注意查漏补缺，首先要清楚自己的冰山模型，其次要猜测对方的冰山模型，这样沟通就更全面了。

例如，面对孩子晚上9点还在看电视、没有洗漱、没有上床睡觉的情况，你可以说："我注意到时钟已经9点了，已经到了我们约定的洗漱时间了。我感到你有点儿委屈。因为你今晚做作业做得比较晚，还想多休息下。那我们赶紧洗漱，在床上给你多讲个故事，怎么样？"

因为覆盖事实、结论（结果）、对方情绪、对方需求和结论（请求），这种

第五章　沟通——你想拥有高效、开放且相互尊重的人际合作吗

处理方式就会比我们常常使用的"马上去洗漱！"的命令口气好很多。

例如，你的爱人在做决定时没有征求你的意见。你可以说"我看你已经安排好跨年时去参加××沙龙了。我有点儿伤心。因为我想要和你在一起，还有被你重视。我也知道你想要多参加社交，以增加生意机会。你看能否下次做出决定前，先跟我一起商量，我们看看有哪些双方都喜欢的社交活动可以参加，可以吗？"

这样一来，不仅说清楚了事实、自己的情绪、自己的需求、结论（请求），还考虑到了对方的需求和情绪，沟通效果想必比埋怨、生闷气好得多。

4．练习：全面交流

过去一周你有什么表述是不够客观的？例如，当时的你仅仅说了结论，而没有说事实。如果补上事实，你又会如何说呢？

以上就是帮助你实现全面交流的冰山模型。最后送你一首模仿萨提亚《我和你的目标》的一首小诗：《如果我们相会》。

如果你我相会，

我能，

了解我自己而不是责怪你不懂我，

了解你是谁而不是自说自话，

照顾你情绪而不会好为人师，

洞察你需求而不会自以为是，

给出结论但并非单方面通知，

分享我观察到的事实而且听听你讲。

那么，

我们就会在月球相会，

一起赞叹宇宙中那颗小小的蓝色星球。

3R 聚光法：聆听心声，从充耳不闻到感同身受

> 要记住，那个正在与你谈话的人对他自己、他的需要、他的问题比对你及你的问题感兴趣超过上百倍。在你下次开始谈话的时候，请不要忘了这一点。
>
> ——卡耐基，《人性的弱点》

为了了解对方、打开心扉，我们可以运用 **3R 聚光法**。

- Receive——接收：我如何全身心地关注对方？
- Respond——反应：我如何与对方同步，让对方感受到我在仔细聆听？
- Repeat——确认：如何确认听到的信息确实是对方想表达的？

1. 困境：充耳不闻的听

你刚刚同你最好的朋友吵了一架，你期望听到一些安慰你的话，但是当你才说了一半的事情经过，你的男朋友就打断你："不管这件事你做得正确与否，你都可以主动为发火道歉，毕竟她是你最好的朋友啊。"道理确实不错，但是你感到心里堵得慌。

你管理的一位员工工作表现不佳，因此你找他谈了话。之后你很想听听你上级关于面谈结果的意见，虽然他口中在"嗯、嗯"地应答你，你却看到他的眼睛落在了手上不停翻阅的其他文件资料上，你顿时觉得不受重视。

你主动通知一位客户，他的货物因为"双 11"物流压力大而要延误几天到达，虽然合同上并没有明确规定到货时间，但是你希望对方提前获知情况，为客户多想一些。对方却说道"既然如此还有什么好说的，真是一家不负责任的公司"。看到自己的好意被曲解，你很想言语反击对方。

以上场景中，如果述说者是你，而你感到很难受，是再正常不过了，因为《人性的弱点》中卡耐基提及"许多人之所以请医生，他们所要的只不过是一个静听者"。但是聆听又太难了，"他们更喜欢善于静听者而非善于谈话

第五章　沟通——你想拥有高效、开放且相互尊重的人际合作吗

者，但能静静聆听的能力，好像比任何其他好性格都少见。"

2. 分析：自传式回应

我们每个人都有太多的话想说，有太多的道理想要寻求别人认同，因此，我们总是夸夸其谈，却很少注意到我们只长了一张嘴巴，却有两只耳朵，我们应该多听才是。

你会说我会听啊，但其实很多时候你只是在听，却没有听到，没有听进去。柯维在《高效能人士的七个习惯》里专门为良好的聆听写了一个习惯，叫"知彼解己"，指出了我们聆听时常见的四种错误，即四种自传式回应，如下所述。

①价值判断。对他人的表达进行评判，只有对或错两个答案，或只有接受或反对两个选择，往往认为跟自己一致的才是对的并且接受。例如，一听到孩子们在聊电子游戏就大加批判，认为玩物丧志，但是孩子们实际上可能在谈论游戏中的团队合作精神。

②追根究底。用自己的价值观探求他人隐私，往往使自己的好奇心凌驾于对方的意图之上。例如，一听到朋友抱怨她的老公回家晚就询问具体细节，以满足自己的好奇心，其实朋友只是想寻求安慰而已。

③好为人师。认为自己的经验是唯一正确的，总喜欢给他人忠告。例如，一听到同事在分享工作问题，就马上给出自己的解决方案，但是自己的那一套可能根本不适合同事的具体情况。

④自以为是。用自己以往的情况揣测对方的做法或动机。例如，一听到某某好人好事，就猜测一定另有隐情，世间没有无缘无故的爱，但是其实世间确实有常常抱持仁慈友爱之心的人。

这些错误会让我们停留在聆听的低层次阶段，使大多数人处于对他人的想法充耳不闻、假装聆听或者只选择聆听自己喜欢的部分这三种状态之中。当我们学会放下自传式回应的错误习惯，就能上升到聚精会神地聆听甚至感同身受地聆听的层次。

那要如何开启感同身受地聆听之路呢？

你要成为一盏聚光灯，放下自己，全身心地将注意力向对方照射，听出对方的四个层次内容：事实、结论、情绪、需求。 当你这样做了后，你甚至可以发现，看似与你格格不入的他与你其实并无不同。

3. 方法：3R 聚光法

本节开篇的三个案例，是低层次聆听中的三种常见错误：好为人师、充耳不闻、自以为是。而通过 3R 聚光法聆听对方的心声，我们就可以很好地避免这些错误，实现了解对方、打开心扉的沟通。3R 聚光法（见图 5-3）具体有三步：Receive（接收）、Respond（反应）、Repeat（复述）。

图 5-3　3R 聚光法

1）Receive——接收：我如何全身心地关注对方

我们首先应该静静聆听，这非常重要，甚至有治愈疗伤的效果。心理咨询师很多时候就只是在聆听，整个过程中没有说一句话。心理咨询师看似没有提供什么有价值的内容，但是其实很多来访者的主要需求便是能够有人全身心地倾听他的烦恼。

静静聆听说起来很容易，但其实很难做到，因为你内心涌动着很多想法，想要破口而出，或者你很容易走神，那该怎么办呢？

记笔记。不是记你内心的想法，而是记对方的话。在你开始记录对方的话的时候，你就很难腾出大脑去思考你的想法，从而实现专心沟通和静静聆

第五章 沟通——你想拥有高效、开放且相互尊重的人际合作吗

听。如果现场不方便记笔记，那就默念对方的话语，对方说了哪个字、使用了什么样的语调，你就跟着对方一个字、一个语调地默念。

能做到这一点就能避免好为人师这个错误。因为你听得越多也就学得越多，越会发现你曾经的倾囊分享，很多时候都是一厢情愿，你根本不了解对方的需求是什么，也并不了解对方想表达什么。

2）Respond——反应：我如何与对方同步，让对方感受到我在仔细聆听

我们已经在仔细聆听，但对方不一定能感受到，这时候就需要我们做出同步反应。

例如，眼神注视、身体趋同。因为人们都喜欢跟自己相似的人交朋友，如果你能观察到对方的肢体动作，然后恰当地加以模仿，对方就会潜意识地感受到你对他的认同。当你做了跟对方一样的事时，你也就更容易理解对方的真实想法和需求。

例如，点头确认、放下手机。就像在吃小龙虾一样地交流。为什么这样说呢？因为在吃小龙虾的时候，你要双手戴着手套剥壳，根本没有时间看手机或把玩其他东西，对方也是如此，双方的沟通自然就同步了。

例如，时不时用"嗯、哦"等助词回应对方，让对方感受到你真的在仔细聆听他讲话，而不是在敷衍你。这样，你就能避免充耳不闻的错误了。

3）Repeat——确认：如何确认听到的信息确实是对方想表达的

前两步，能保证我们听到、听进去，那怎样才能确保对方听到、听进去呢？那就需要确认了。因为每个人的语言和表达方式是不一样的，如果没有加上"你想说的是××，对吧？""你是说××，是吗？"等语句，就很可能产生误解。

切记沟通是双向的，聆听也是。对于本节开篇的第三个案例，善于聆听者就会如此确认："谢谢你告知我们货物延期的信息，你是想为我们避免损失提供帮助，对吧？"而你一定会为自己的好意受到肯定和理解而感到开心，进而你也许还会为对方想办法，看如何能加快物流速度、将到货时间提前。

这样，通过聆听你们就实现了双赢。

总的来说，我们需要感同身受地聆听他人。设想一下，如果明天上班，领导叫你进办公室时，你立马就拿上笔记本和笔，领导说一句你就记一句，还频频点头表示认同，最后还反馈"领导，您刚才说了三点，分别是 a、b 和 c。我有记对吗？"那么，你的领导会有什么样的感受呢？

4．练习：很好地聆听

请回忆一次不成功的聆听经历，回忆当时你在和谁沟通，是什么时候，彼此在交流什么内容？如果是对方没有很好地聆听你，那么你当时是什么感受？如果是你没有很好地聆听对方，那么下次你可以如何优化自己的行为？

以上就是帮助你感同身受地聆听他人心声的聚光模型。人本主义心理学家卡尔·罗杰斯曾经说"如果有人倾听你，不对你评头论足，不替你担惊受怕，也不想改变你，这多美好啊……每当我得到别人的倾听和理解，我就可以用新的眼光看世界，并继续前进……这真神奇啊！"

祝愿别人仔细聆听你的心声，也请你很好地聆听他人的心声。

SYP 嫁接法：三步沟通，从徒劳闲聊到落地成果

与人合作最重要的是，重视不同个体的不同心理、情绪与智能，以及个人眼中所见到的不同世界……与所见略同的人沟通益处不大，要有分歧才有收获。

——史蒂芬·柯维，《高效能人士的七个习惯》

为了使沟通达成共识、实现落地成果，我们可以使用 **SYP 嫁接法**展开三步沟通。正如植物嫁接是把一种植物的枝芽嫁接到另一种植物的根茎上，最后一起长成一株新植物。

第五章　沟通——你想拥有高效、开放且相互尊重的人际合作吗

- Share——共享信息：对于某个话题，你与对方各自有哪些看法？
- Yes——求同存异：这些看法当中有哪些一致的内容，如何认同？有哪些理解不同的内容，如何交流？
- Plan——落地推进：为了推进共识的落地，我们需要明确计划和双方的责任。

1. 困境：棘手的说服

2020 年，你所在的团队因为市场的急剧变化陷入了困境，如果还照搬去年年底制订的计划，就很难完成年度业绩目标。作为有责任心的团队成员，你请教了很多专家，研究了很多分析报告后得出结论，方案 A 是目前团队策略改善的最佳选择。与此同时，你的上级、团队的负责人也在互联网上搜索了相关信息，他偶然发现有个机构在推广一种培训，即方案 B。凑巧的是，你在之前的公司工作时对这种培训有些了解，其实这种培训没有一点儿效果。但是，这个机构的文案和营销做得出神入化，让它听起来像是可以使客户脱胎换骨、立竿见影的救命之药。你的上级就像着了迷一样，执意要执行方案 B。

你要如何说服他，以避免团队陷入费力不讨好的陷阱并使团队尽早走出困境呢？

2. 分析：每个人都是对的

这次沟通看似是你一个人去伸张正义，看似是你如何以严密的论证、动人的情感去说服、感动对方，去证明方案 B 错了，或者去证明你是对的。其实并不应该如此，这次沟通应该是你们两个人的交谊舞。你们两个人都是对的，你们要一起找到双方都乐于接受的第三个选择。

还是以植物为例，南橘北枳，橘生淮南则为橘，生于淮北则为枳，叶子相似，味道却不同。你看，就算是同一种植物在不同的水土中生长，结出的果实都不相同，更不要说你和沟通对方本就是不一样的人。对待同一件事，你们的看法不一样是很正常的事情。例如，寒冬来临，你是蜡梅，欢喜绽放，

他是牡丹，凋零冬眠。你去说服他拥抱寒冷，肯定是徒劳无功的。

曾仕强老师在百家讲坛《易经的奥秘》系列节目中，分享了一个三季人的故事。就"一年有四季还是三季"这个问题，子贡与一个来请教孔子的人争论了起来，后来孔子回来了，观察一阵子后，赞同了来访者的观点并说："一年的确只有三季。"于是来访者满意而归，而子贡疑惑不解。孔子解释道："方才那人一身绿衣，分明是田间的蚱蜢。春天生，秋天亡，一生只经历过春、夏、秋三季，哪里见过冬天？所以在他的世界里，根本就没有'冬季'这个概念。你跟这样的人就是争上三天三夜也不会有结果的。"

佛曰，四大皆空。简单说，就是任何事物，从不同角度和在不同人眼里都是不一样的。LV 包在富豪眼里是日用品，在我眼里是奢侈品，在小狗眼里是一个窝，你说谁对谁错？都对，都不对，有些对，有些不对，都是可能的，关键在于你站的是什么角度。在蚱蜢的世界里，一年有三季是正确答案，在人的世界里，一年有四季是正确答案。那有没有可能一年有一季才是正确答案呢？

与他人沟通乃至说服他人绝对不应该是命令他人。如果我们在与他人沟通前就认为只有自己是正确的，只有自己的答案这一种可能，犹如把一副自己戴着舒服的眼镜强行架在他人的鼻梁之上，即使对方当时没有说什么，但是在你们推进沟通成果时，对方肯定不敢走路、不想走路，因为你的眼镜并不适合对方的眼睛，对方眼前实际上一片模糊。

3. 方法：SYP 三步沟通法

我们要如何以"每个人都是对的"的思路开展沟通合作呢？答案肯定不是否定对方，而是应采取 SYP 三步沟通法（见图 5-4），与对方共享信息、求同存异、共同推进。

第五章　沟通——你想拥有高效、开放且相互尊重的人际合作吗

图 5-4　SYP 三步沟通法

1）Share——共享信息：对于某个话题，你与对方各自有哪些看法

沟通时我们往往将对方置于我们的对立面，采取说服对方或使对方接受我们观点的**姿态**，其实更好的方式是与对方一起面对问题。有一位智慧的老奶奶就这样说道："当你和跟你过日子的人吵架的时候，你们俩都要记得，应该是你们俩与问题做斗争，而不是你与他（她）做斗争。"

这时候双方要运用 FCFD 冰山法坦诚地分享心里的看法。以本节开篇案例来说，你可以先与上级分享你的调研工作成果，陈述事实，分享自己对于团队的关心、担忧等情绪，以及自己想为团队做贡献的需求，具体的结论可以视情况延后说明。因为你并不清楚你的上级、团队负责人私下里做了什么努力，你还要运用 3R 聚光法仔细聆听他的看法，乃至提前了解那个机构推广方案 B 时使用的证据或说法。

在团队开会的时候，你想要将沟通做得更有趣一些，还可以采用我的好朋友郭龙老师的方法。他在关于"沟通"的培训中采用了"双向辩论"法。首先，他提出了"下雨天到底要不要点外卖？"这个辩题，然后请学员们站队，分成正反双方，接下来，他请双方逐一分享辩论理由，大家都义正词严："下雨天要点外卖，快递小哥才能有钱赚"，"不该点，快递小哥太辛苦"……

面红耳赤的一轮辩论后，郭老师请有分歧的双方互换角色，站在对方的

能力的答案

立场上展开新一轮的辩论，也就是原支持方变成反对方，原反对方化身支持方。在这一轮辩论中，大家的表情明显缓和了，手势也没有那么咄咄逼人了，语气也没有那么激进了。

结果，无论辩论双方还是围观群众，因为经历了换位思考，自然而然降低了对立思维，能够更好地理解对方观点，最终达成了对某些事实和观点的共识。

再次强调，这个辩论过程是收集信息的过程，主持人尽量不批判、不评论、不打断，让大家多角度地思考问题，让更多人参与进来，而不是单纯地判别对错，产生结论。

2）Yes——求同存异：这些看法当中有哪些一致的内容，如何认同？有哪些理解不同的内容，如何交流

上一步意在充分发散，收集更多信息，这一步就要收敛，以达成共识或做出决策。1955年4月18日至24日，在印度尼西亚万隆举行了著名的亚非会议，亚非会议是第一次由曾遭受帝国主义侵略和奴役的亚洲、非洲国家和地区发起和参加的大型国际性会议。在大会上，虽然绝大多数国家和地区的代表在发言中表达了对和平友好的诉求，但是仍然有个别代表借机攻击共产主义，有的代表则表示了对中国的疑虑，会场的气氛越发紧张。如果你是中国代表，你会不会为了维护国家尊严据理力争，或者抓住对方的漏洞进行反击？

周恩来总理则是决定将事先准备好的发言稿油印散发，另做了一个即兴发言，开门见山地指出："中国代表团是来求团结而不是来吵架的。我们共产党人从不讳言我们相信共产主义和认为社会主义制度是好的。但是，在这个会议上用不着来宣传个人的思想意识和各国的政治制度。"

发言中，他强调"求同"而不是"立异"，主张不同的存在并不妨碍求同和团结，并表示中国准备在坚守和平共处五项原则的基础上与亚非各国建立正常关系。这次发言赢得了各方的尊敬和赞同，一举扭转了外界对中国的偏

第五章　沟通——你想拥有高效、开放且相互尊重的人际合作吗

见，最终，会议通过了著名的处理国家间关系的"十项原则"，留下了"团结、友谊、合作"的宝贵精神财富。而且影响更深远的是，此后数十年时间里，亚非国家纷纷取得了长足的进步和瞩目的成就。

这就是沟通高手的做法：先认同双方的一致之处，然后做出补充。他们不会语气强烈地说："你错了，你没有说到……"他们会这样应对："我同意你的××观点，同时，我还注意到……"

以本节开篇案例而言，你可以说："我特别认同通过培训来提升人的能力，进而提升公司绩效的做法，这一点对于我们团队的持续发展确实非常重要，感谢领导在公司业绩困难的情况下还舍得投入经费。同时，关于方案 B 里培训的效果，我补充一个我知道的情况，起初这种培训很受欢迎，后来……"

有朋友说，如果对方的表达全是情绪宣泄，找不出一点儿可取之处呢？这时候你也可以先认同他的交流初衷，如："感谢领导愿意抽时间跟我交流，分享心里的想法，我感到非常受重视，更能了解团队现在的情况。"

总之，我们要学会从对方观点中寻找与我们观点一致的部分，再对理解不同的部分进行补充，最后从沟通中找出一些共识。

3）Plan——落地推进：为了推进共识的落地，我们需要明确计划和双方的责任

很多朋友在沟通中得到了对方的回复或达成了一些共识，就认为沟通大功告成了。其实不然，沟通不是聊天，更重要的是对共识的推进与执行。那如何明确双方的责任呢？我们可以参考"合作模型"里的"五星级合作"方法，在沟通的尾声对下一步计划的期望结果、好坏标准、方法流程、资源协助与奖惩措施和对方进行一一核对，达成共识。这样就能确保计划推进不走样，避免出现反复沟通或出错返工的情况。

为了保证事后双方都能推进共识的落地，我们还要做到共识留痕，将共识书面化，便于事后检索。例如，我与他人沟通重要事情后，总会立即在微信里留言，写清楚自己下一步行动的内容与时限。工作中使用邮件则更为正

式。这对于双方都是一种重要提醒。

开始沟通时畅所欲言，沟通中优中选优，沟通尾声时雁过留声，相信通过这三步，你的沟通能力一定会大大增强。

4．练习：不同世界

迈士顿国际教练社创始人陈序老师说，成熟的一个标志，就是不再急着与人争辩自己的看法，不是所有人都生活在同一片海。你有没有发现有些时候你和对方的观点虽然不一致，但是都是对的？

以上就是帮助你与他人达成共识、实现落地成果的共享模型。这些是我的看法，在提升沟通能力方面，你还有什么好做法呢？

本章尾声：

两个兄弟，看到桌上有一个橘子，于是争吵起来。哥哥说，**我先看到的，是我的**；弟弟不同意，说，我是小朋友，得照顾我。

哥哥说，上次苹果我就让你了，这次你得让给我；弟弟说，如果不给我，我就告诉爸爸你上次捣蛋的事，让他来找你算账。

说曹操，曹操到。爸爸来了，问两个小孩儿，你们在吵什么呀？兄弟俩争先恐后地说了自己的理由。爸爸听得烦了，于是大手一挥，说："这样吧，我用刀把它切成两半，你们一人一半，这样公平。"

正在爸爸去拿刀的时候，妈妈来了，问："发生了什么事呀？你们要橘子做什么呢？"两个问题问下来，结果哥哥说，我要橘皮做实验，老师教我们做陈皮泡水喝。弟弟说，我刚从外面玩了回来，现在好热，想吃橘子解渴。

看到这里，想必你已经知道这次沟通的最好成果是什么了吧？橘皮全给哥哥，弟弟吃到全部橘肉。兄弟俩看似竞争对手，但其实可以各取所需呢。

在未来，当你跟人沟通出现障碍时，想想这个故事，用用本章的方法，也许一切并不像你想象的那么难。

下一章我们将分享四种特殊的沟通方式，以帮助你实现更完美的"表达"。

第六章
表达——每个行业的红利,都向擅于表达者倾斜

能力的答案

在我的办公室里,你不会看到我从内布拉斯加大学获得的学位证书,你也不会看见我在哥伦比亚大学获得的硕士学位证书,但你会看到我在戴尔·卡耐基(演讲)课程里获得的小小证书。

——巴菲特,《成为巴菲特》

本章副标题"每个行业的红利,都向擅于表达者倾斜",来自得到 App 创始人罗振宇。在 2019 年"得到大学"春季班开学典礼上,罗振宇在演讲末尾下了这样一个结论,他说:"用最先进的工具传播,让你的表达有效率,这是每个时代的英雄做成事的必要前提。"

你可能认为自己踏踏实实做出成绩不就行了吗?酒香不怕巷子深,还需要自卖自夸吗?你别说,还真需要。在这里我不做详细的论证,只举一个例子,就是人为什么要买漂亮衣服?

我从小就是一个不注重穿着的人,下班休息的时间也经常穿着一线工作服,方便嘛。我觉得有内涵的人不需要太注重外表。直到有一次朋友介绍我去一家理发店,她有张理发卡因为搬家没时间使用,就让我去体验一下。以前我理发 10 元以内就可搞定,结果这一次花了 100 多元。乱糟糟的宅男平头就这样变成了亮出额头的飞机头。效果马上就不一样了,当晚回家老婆就笑弯了腰,但不管是她还是我身边的人都觉得发型很不错,而我也感觉人都自信了很多。加上那段时间我还看到了一句话,于是彻底改变了对外表的看法,那一句话就是"你的外表决定了别人是否愿意了解你的内在"。从此,我就开始注重穿着了,至少不再成天穿工作服了,而且理发也不再去路边小店了。事实上,外表确实是很多人评判人的重要标准,不然为什么骗子们都要乔装打扮呢?为什么广告里的牙齿"专家"都身着白大褂呢?

表达其实也是类似的道理,你丰富的内涵只有通过你的表达才能被人注意、感知和了解到。只有你擅于表达,你的工作成果和能力才能被人了解;擅于表达的特性还能打造你的影响力,乃至帮助你升迁。你想想你们公司的

第六章 表达——每个行业的红利，都向擅于表达者倾斜

高层、职场上顺风顺水的人，是不是大多表达能力出众呢？

说到表达，大家第一时间会想到演讲，其实演讲只是表达的一种形式。在《学习的答案》一书中，我结合八大智能理论，将表达拆分为四种输出形式，分别是读（写读书笔记）、画、写（写案例、故事）和讲。

本章我将和我的三位培训师好友一起为你深入分享画、写、讲三点，"画"中的视觉表达由京米粒老师——英国博赞思维导图认证管理师、思维导图实战派培训师——带来，"画"中的PPT部分由郭龙老师——TTT职业培训师、PPT讲师里文章写得最好的、作者里PPT做得最好的——带来，"写"由讲授《公文写作》培训课程的我带来。演讲部分由Jack船长——船长即兴商学院创始人、成都麻辣即兴剧团发起人、TEDx演讲教练——带来。相信本章一定能帮助你把你的思想更好地表达出去，扩大自己的影响圈。

图库金字塔视觉法：让抽象思想变彩色电影

> 视觉语言，就像其他任何语言一样，是由人们一边使用一边创造出来的……它的出现源自人们的需求，在全球范围内，处理那些单独用文字很难表达清楚的复杂想法。
>
> ——鲍勃·洪恩，《视觉语言》

为了提升工作和生活的效能和趣味，我们可以借助**图库金字塔视觉法**进行视觉表达，尝试将抽象的思想转化为一幅幅生动的图像。本节，我邀请我的好朋友京米粒老师来分享她的心得。她将带领你绘制出属于你自己的"基本图像要素、象形图与会意图以及视觉模板图"。

1. 困境：烦冗的文字

下面的经历你一定不陌生。

- 在我们开展一场活动或者组织一场培训的时候，不能很好地帮助参与者直观地看到流程安排，参与者会很迷惑，而组织者会被多次问道："下一项内容是什么呢？"
- 聊起某一个主题，有时候脑海中没有什么想法，不知从何说起。
- 当我们组织会议时，经常发现时间已经过去一大半了，但是还没有讨论到会议的核心内容；开会时发言的人就是那么几个，部分参会者始终不能融入会议。

问题出在哪里？人们常常习惯仅用文字或语言来表达想法，而文字一旦烦冗起来，就会带来我所定义的文字表达三宗罪：低效、枯燥、无创意。但是，如果我们简化文字，再运用相应图像来助力表达，效果就会完全不一样，这种方式就是本节要介绍的"视觉表达"。

2. 分析：左文右图

说到视觉表达，它到底是什么呢？简而言之就是用文字和图像相结合的方式来表达想法。按照美国心理生物学家罗杰·斯佩里博士的理论，我们的大脑分为左右脑，左脑偏重于逻辑思维，右脑偏重于形象思维（见图6-1）。

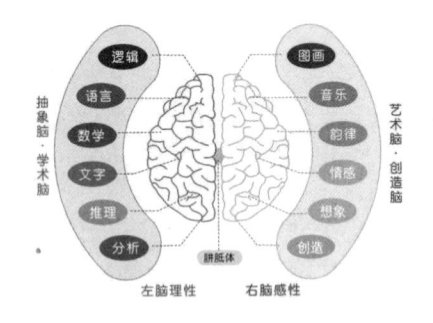

图 6-1　左右脑功能图

如果我们只是使用左脑的文字功能的话，就无法调动右脑的图像功能，如果我们使用图像功能和文字功能相结合的方法的话，就能够调用全脑，更好地进行思考和记忆。进一步来说，图文结合的视觉表达方式有如

第六章　表达——每个行业的红利，都向擅于表达者倾斜

下四个好处。

①帮助我们快速地获取信息。有句话叫作"一图胜千言"，图文结合能帮助我们在较短的时间内捕捉更多重要的信息。

②帮助我们思考和记忆。关键信息单纯用文字表达很轻易被我们忘记，将关键信息转化为图像能使我们记得更深刻。

③帮助我们整理思维。有效使用一些视觉模板能更清晰地帮助我们表达想法。

④帮助我们提升创意性思维。在视觉表达过程中，你会发现很多有趣的想法会不经意地冒出来。

但是，刚刚接触视觉表达的朋友可能望而却步，心里面在敲小鼓——"可是我不会画画呀！我画得很丑呢！"这些声音是视觉表达学习践行路上的拦路虎，关于这一点，请你一定要牢记以下三条小贴士，循序渐进，在实践中你会发现视觉表达并没有想象中的那么难。

①只需要用简单的笔画表达想法。视觉表达中的图像，不需要我们画得多么精细，而只需要我们用简单的笔画表达出自己的想法——如果用太多精力去追求图像的精美，反而会分散我们的精力，降低效率。例如，表达人物，我们可以使用火柴人，而不需要画一个五官齐全、惟妙惟肖的人物肖像。

②先追求高内涵，再追求高颜值。所谓高内涵，是指采用的图文结合能够帮助你更好地达到目的，比如表达变得更清晰、更加吸引人等。至于颜值，可以随后再考虑。事实上，随着实践运用的深入，你的图文结合的颜值也是会越来越高的。

③积极动手，多多尝试。俗话说听了忘，看了记，做了才理解。我们学习视觉表达，听过、看过都不够，只有去做了、画了才会真正理解其中的奥妙，并且我相信你一定会热衷于视觉表达。

3. 方法：图库金字塔视觉法

大多数朋友以往更加习惯纯文字表达，转向图文结合的视觉表达就需要

一个过程。其中的一个困难点是能信手拈来的图少之又少。为了更好地帮助大家入门视觉表达、快速开启视觉表达的实践应用，我们可以从基本图像要素、象形图和会意图以及视觉模板图三个层面来积累、建立自己的图库金字塔，如图 6-2 所示。

接下来请大家准备好一些空白的 A4 纸和签字笔、若干彩笔，边阅读边动手画，熟练后，这些图像也可以成为你自己的图库的一部分。

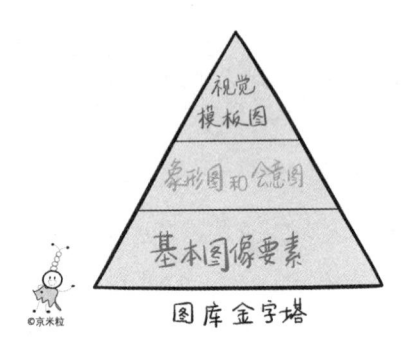

图 6-2　图库金字塔

1）基本图像要素

基本图像要素包括人物与基础图标两种。

第一，人物的画法中最容易上手的是星星人（见图 6-3）和火柴人（见图 6-4）。关于星星人，大卫·西贝特在他的《视觉会议》里非常详细地介绍了绘制的整个步骤，我们一起来动手画一画。

图 6-3　星星人

第六章 表达——每个行业的红利，都向擅于表达者倾斜

火柴人也是广泛应用的一种绘制人物的方法，火柴人也有很多变化形式，我们可以先积累一些常用的。

图 6-4　火柴人

第二，关于基础图标，我们在视觉表达的学习实践初期可以先掌握以下三类。

① 对话框图标（见图 6-5）。对话框就是将文字包围起来的图形，我们能够在一些海报、漫画中见到它们。对话框画起来非常简单，但是它的作用可不小，它能凸显相应文字，大大提升读者对内容的关注度。同样的一段文字，把它按照常规方式写下，和把它放进对话框里，我们会发现自己会不自觉地先被对话框吸引。常见的对话框形式有三种：圆形框、云朵框、方形框，我们可以根据具体情况灵活地单独或组合使用它们。

图 6-5　对话框图标

② 箭头图标［见图 6-6（a）］。箭头在我们的日常生活中很常见，如交通指示、流程引导等。箭头是一种特别棒的视觉语言，我们会被箭头所指的方向或内容吸引。基于此，我们在自己的读书笔记、会议纪要等场合中都可以

灵活运用箭头。箭头的画法简单而且灵活，我们可以根据具体的应用场合做出一些调整。

③ 飘带图标［见图6-6（b）］。飘带通常用作大、小标题，凸显相应内容的核心。只要掌握好一些小技巧就可以将飘带画得又快又好，图6-6（b）介绍了两类飘带图标的画法，大家可以在此基础上灵活设计与应用。

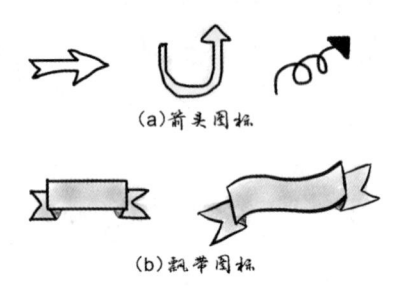

图6-6　箭头图标与飘带图标

2）象形图和会意图

我们常用的图形可以分成两大类：象形图和会意图（见图6-7）。其中看上去和实物很像的那些图，我们可以叫它"象形图"；用来体现象征意义的那些图，我们可以叫它"会意图"。这种命名源自《视觉会议》。通过一些例子，我们的体验将更加直观，同时，我们还可以有意识地收集或创作一些常见的象形图和会意图。

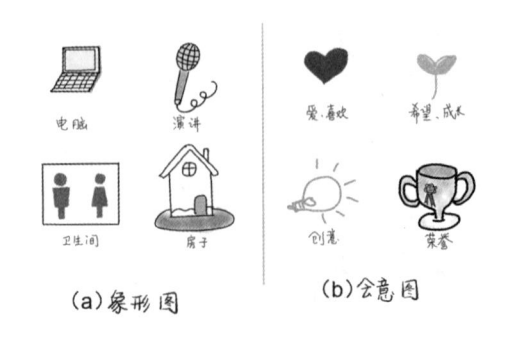

图6-7　象形图与会意图

第六章 表达——每个行业的红利，都向擅于表达者倾斜

我们还可以通过"化词为图"的"听画"游戏，快速地收集自己工作、学习、生活中的常用词汇并将它们转化为图像。这个游戏可以自己玩，也可以和同学、同事、家人一起玩，多人参与将会更好地实现集思广益，有利于收集更多的趣味图标。我在思维导图、视觉表达相关培训中经常用到这个方法，非常有效。

"化词为图"游戏单人玩法如下。

① 收集词汇：拿出 10~20 张卡片，在卡片顶端写上学习、工作、生活中出现频率最高的词汇。

② 快速画图：准备好倒数计时器，在 10 分钟之内，快速地在卡片空余的地方将对应的词汇转化为图像。

③ 修正入库：对图像进行必要的修正，就可以将自己满意的图像放入自己的小图库了。

"化词为图"游戏多人玩法（以五人为例）如下。

① 收集词汇：每人准备五个学习工作中的高频词汇，汇总在一起。

② 词汇听画：其中一名成员逐个读出汇总后的词汇，所有成员各自将所听到的词汇转化为图像。

③ 图像展览：这样每个词汇都将产生五个不同的图像，将相同词汇放在一排，对所有的图像进行展览。

④ 筛选入库：成员根据图像展览进行交流，并筛选出自己最喜欢、最合适的图像，将它们放入自己的小图库中。

3）视觉模板图

有了前面两步的持续积累，我们的基础图库金字塔会越来越充实，在日常会议、读书笔记、演讲等诸多场合，我们可以越来越熟练地运用它们，在运用的过程中我们会发现它们的作用，我们会给自己和他人带来一次又一次的惊喜。接下来，我们可以积累一些组合模板图。在这里，我们先来学习三个简单好用的视觉模板图。

第一个是路径图（见图 6-8）。

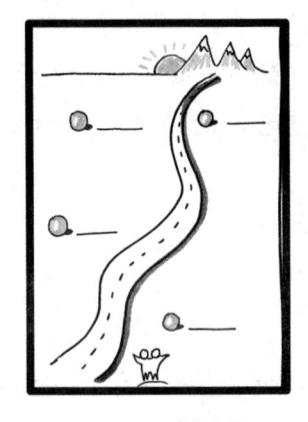

图 6-8　路径图

路径图的各项主要属性如下。

① 主要用途是设定愿景目标和呈现关键步骤。

② 突出优点有如下三个方面。

- 暗含隐喻，有一种目标的即视感。
- 关键步骤清晰呈现，让人快速抓住重点。
- 使用灵活，可以根据需要举一反三套用。

我在某次"思维导图约绘"培训中，利用路径图做了一个"约绘地图"（见图 6-9），帮助学员快速了解培训的目标和培训的流程。

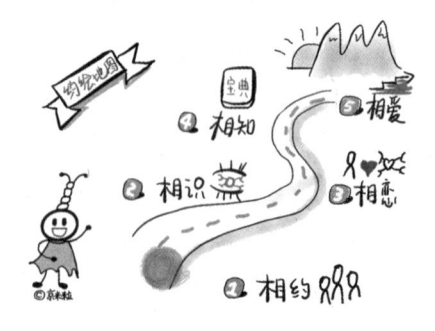

图 6-9　约绘地图

第六章 表达——每个行业的红利，都向擅于表达者倾斜

第二个是九宫格图（见图6-10）。

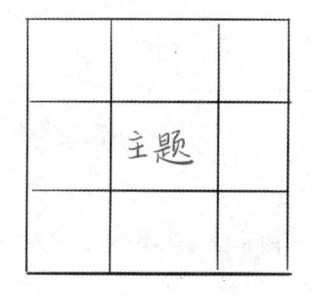

图6-10 九宫格图

九宫格图的各项主要属性如下。

① 主要用途是实现围绕一个中心的联想和拓展。

② 突出优点有如下四个方面。

- 非常简单，易上手。
- 引导性强，不偏离中心。
- 符合人们"喜欢填空"的心理特点。
- 应用场合广泛。

如图6-11所示为一幅基于沟通主题的九宫格。

图6-11 九宫格：沟通主题

第三个是<u>丛林公司向导图</u>（见图6-12）。

能力的答案

图 6-12　丛林公司向导图

丛林公司向导图的各项主要属性如下。

① 主要用途是做好会议前的向导规划，每次会议前提前规划好结果、日程、角色、规则。

② 突出优点有如下四个方面。

- 在会议前提前规划，让会议目标更明确、思路更清晰。
- 向导图可以提前发给与会人员，让大家提前进入会议状态。
- 会议聚焦，保持参会人员注意力。
- 分项控时，节约时间。

某公司策划部计划举行一次"品牌营销"方案主题会议，会议组织者提前画好了丛林公司向导图（图 6-13），将丛林公司向导图提前发给所有参会人员，大大地节约了时间，提高了会议效率。

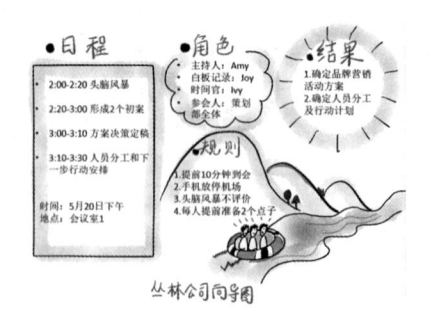

图 6-13　"品牌营销"方案主题会议丛林公司向导图

以上是三个常用的视觉模板，大家可以先模仿运用，再根据自己的使用场合进行相应的变通。同时，将前面积累的视觉元素加进去，大家的抽象思想就会像彩色电影那样，越来越生动灵活了。

4. 练习

① 可以准备一个空白的小本子（本子大小方便随身携带），按照图库金字塔的方法来建立自己的常用图库。

- 反复练习人物和基础图标的画法，能够快速地画出星星人和火柴人，掌握10种场景的变化，能在不同场合灵活运用基础图标。
- 利用化词为图的方法，积累20个常用的象形图，20个常用的会意图。
- 除了书中介绍的三个视觉模板，我们可以把平时觉得不错的其他的一些视觉模板画在自己的图库中，并根据需要加以运用。

② 尝试使用路径图规划自己的月度目标和关键行动。

③ 尝试使用九宫格图开展"梦想"、"家庭"等主题联想拓展。若使用熟练，还可以尝试使用九宫格图做一天、一个月的检视。

④ 尝试使用丛林公司向导图做某次会议的规划。

以上就是京米粒老师带给大家的视觉模型，你的图库小本子准备好了吗？让我们开启视觉表达之旅，让抽象思想像彩色电影一样精彩，让我们的工作和生活更加高效能、有趣味吧！

职场PPT金三角：让徒有外表变回归本质

> 同其他设计一样，视觉设计也是解决问题，不是个人喜好。
> ——苹果公司知名设计师 Bob Baxley

为了回归本质，我们可以使用**职场PPT金三角**模型设计PPT：先用框架思维让听众生成层次结构，再用重点思维让听众聚焦重要信息，最后用图像思维让听众秒懂概念。

1. 困境：缺少想象力的表达

在展开论述之前，请你先行设想以下场景。

- 领导需要你对这个月的工作进行总结。
- 部门例会上你要讲一个策划方案。
- 为了拿下订单，你要为顾客、供应商介绍你们公司的产品。

在你的脑海中，有哪些你需要的东西（能看到的）？

在你的脑海中很有可能出现一个电脑和一个投影幕布，上面播放着你精心设计的 PPT。这就是现在职场表达的一个非常典型的场景。

换个角度，若你是听众，听一个产品介绍、一个讲座，参加一个会议，要是完全没有 PPT，是怎样的一种折磨——太考验耐力和想象力了。

当我们表达的信息稍微复杂一些，稍微多一些时，使用 PPT 是不错的选择。PPT 几乎已经成为现在职场表达的默认套餐。

2. 分析：先"有用"再"好看"

我们在进行职场表达时为什么需要 PPT 呢？

从功能上讲，PPT 和白板的价值是一样的，都是为了让抽象的信息更直观、更易理解、更生动形象。所以如果你听到"PPT"这个词时马上想到的是"炫酷好看"，那我必须喊你停一停。

先回归本质，才能谈得上创造。这就如同高中生在备战高考时，不能一上来就选清华、北大的王牌专业，他们得先确保自己的分数能上一本线。

实际上，你在谈论 PPT 好看与否的时候，很可能是你已经知晓了 PPT 的内容或对 PPT 的内容没有兴趣，总之，一定是 PPT 的内容已经吸引不了你了，你才会关注 PPT 的美丑。

在很多企业里，公司是有 PPT 模板的，多数情况下你只需要套用就可以，此时考验的是你的排版能力而不是你的设计能力。这就如同你非常有钱，

第六章　表达——每个行业的红利，都向擅于表达者倾斜

有一辆迈巴赫轿车，但让你下楼去买瓶酱油，你也只能步行着去。**职场 PPT，不需要用力过猛，不需要矫枉过正，要回归到 PPT 的功能和本质上去。**

若想在研读完本节之后就提升 PPT 的设计能力和制作技巧并不现实，这几乎是一两本书、一两天课才能达到的目标。我们需要回归本质，探讨我们怎样才能够确保做出一套合格够用甚至相当完美的职场 PPT，而这也恰恰是我的 PPT 课程中最精华、最核心的内容。

3. 方法：　职场 PPT 金三角

做好职场 PPT，其实掌握一个金三角模型就可以，我称之为"职场 PPT 金三角"。有了它，无论什么类型的 PPT，你都可以把控得住。

1）框架思维

原始的单页 PPT 从形式上来讲像块白板，一套顺着排下去的 PPT，就像一块块上下拼接在一起的白板。你现在想象一个画面：一块白板宽度是固定的，往下是无限延长的，你顺着往下看会有什么感觉？

会晕。

它承载了太多、太复杂的信息，看的人一定会晕头转向。因为观看的人无法了解这种顺着排下去的 PPT 的信息的层次、逻辑和架构。

我们做 PPT 是一张一张做的，可是当 PPT 在播放的时候，它呈现的其实是瀑布流信息，没有一张一张的区隔。这就如同文章不换行、不换页，没有分割线。这样做的结果就是不便于观众理解。所以，我们在设计与制作 PPT 时，就要刻意地使信息有框架感、层次感。

首先是框架感。功能页面最直接的作用就是体现框架感。PPT 中有五个功能页面，分别是：封面页、目录页、过渡页、内容页、封底页。其中最容易被忽略的是过渡页（见图 6-14）。什么是过渡页呢？一个复杂信息通常会被分成若干章节或若干版块，每个章节或版块之间起承上启下作用的页面，就是过渡页。

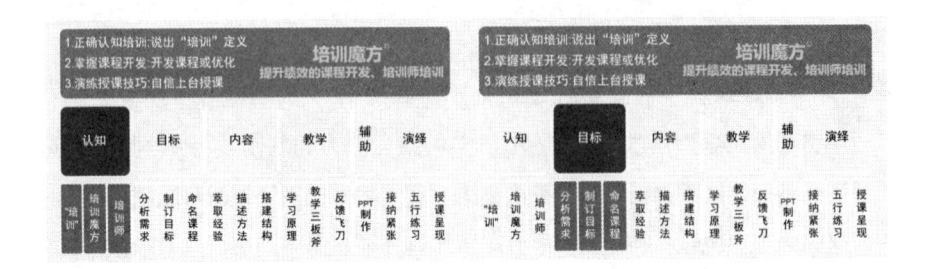

图 6-14　过渡页

过渡页提醒观众要换章节了，其功能类似于界碑。很多人选择不做过渡页，一是嫌麻烦，二是觉得没有什么用。但过渡页恰恰是信息的重要分隔，它能够在大家阅读与理解当前信息的时候明确提醒观众：我要换章节了。

对于观众来说，过渡页的这种提醒效果是非常明显的，如同开车时路边的指路牌。当我们的 PPT 拥有完整的功能页面（见图 6-15）时，过渡页就可以很好地体现内容的架构，让观众不再晕头转向。

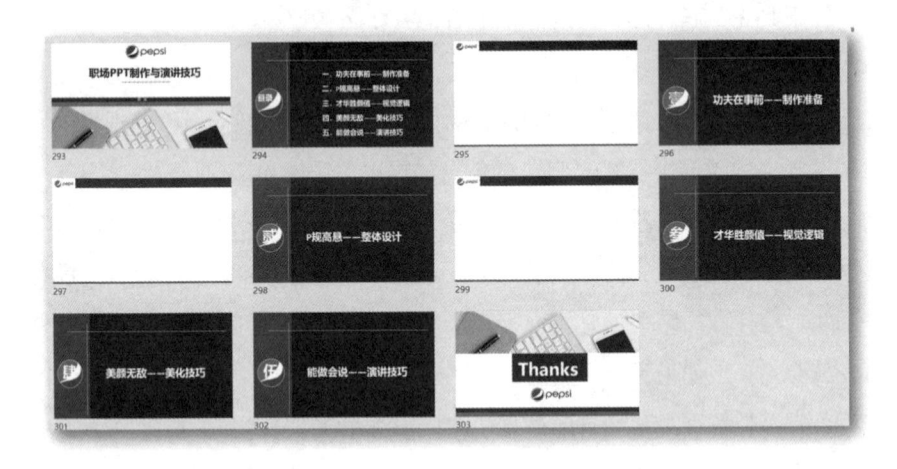

图 6-15　完整的功能页面

然后是层次感。标题能够直接体现 PPT 的层次感。

内容页面通常有不同层级的标题。但是，在内容页面上，很多人只对文字进行简单的"叠放"和"左对齐"。这样做的结果就是各层级标题、正文都

第六章　表达——每个行业的红利，都向擅于表达者倾斜

长得一样。观众既不能提炼出单页的逻辑结构，也无法对应到我们的整个内容的逻辑结构中去。

其实，用不同的形式把各层级标题区分出来（见图 6-16），再配上数字，即可解决这类问题。例如，把不同层级的标题固定在不同页面相同的位置，再使用"数字编号"作为不同层级标题的前缀。

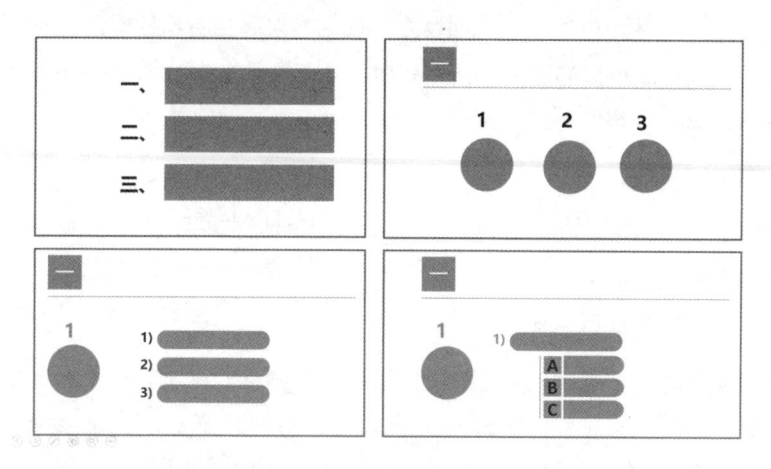

图 6-16　各层级标题不同形式

我常用的做法是，一级结构使用"壹、贰、叁"这样的汉字大写数字，二级结构使用"一、二、三"，三级结构使用"1、2、3"，四级结构使用"1）、2）、3）"或"1.1、1.2、1.3"。

这些标题的设计使用原则，在一套 PPT 中固定下来，贯穿使用。这样，观众无论在哪个页面，都能很快速地识别该页面所处的框架位置以及演示者的逻辑层次。

当然，每个 PPT 演示者可以根据自己的喜好设计不同层级的标题样式。总之，使用"长相各异"、易于识别层级的数字编号作为不同层级标题的前缀，可以实现明确 PPT 层次的目标。

做这些的目的只有一个，即让观众更容易理解你的逻辑框架，从而更好地理解你要表达的内容。

实现了这些设计,观众就如同时刻拿着一张地图走路一样,他们能够很容易地找到自己的位置,他们能够很容易地在脑海中还原出一个金字塔结构的框架图。这就是框架思维。

2)重点思维

PPT 全称为"PowerPoint",直译为"有力的点"。这几乎已经道出了 PPT 的秘密。很多职场 PPT 的一大问题是,观众不太清楚演示者想强调的信息是什么。我们只能根据阅读顺序从上到下、从左至右地阅读他的全部信息,然后自己提炼。

要解决这个问题,最直观的方法就是在 PPT 页面中对关键词、关键短语进行特别的标识,如放大、加粗、变色、改变字体等,总之,要让观众能够一眼就将它们识别出来。

我们在这里举几个例子。

封面有时会有主、副两层标题。那么,主、副标题的字号是不是一样的?是不是摆在同一行的?若真的如此,就是缺少重点思维的表现,如图 6-17(a)所示。

(a)　　　　　　　　　　　(b)

图 6-17　重点思维标题示例 1

那么,图 6-17 中的(a)、(b)两个封面,哪一个更有视觉冲击力呢?

即使是主标题,是不是主标题中的每个字都一样重要?以"创新性培训技术"为例,在这个短句中,哪个字或词是比较重要的?肯定不是"培训",

第六章 表达——每个行业的红利，都向擅于表达者倾斜

而是"创新"。那这两个重要的字是不是需要被凸显呢？如图6-18所示。

（a） （b）

图6-18 重点思维标题示例2

又如，有些PPT中会设计一首藏头诗，那么为了让听众能够领会这个设计，每句开头的字，是不是需要凸显一下？

再如，在美化表格的技巧中，表格的表头和主表部分的格式完全相同，不做任何的装饰［见图6-19（a）］，显然这也是缺少重点思维的表现。

（a） （b）

图6-19 重点思维表格示例1

那么，图6-19中的（a）、（b）两种图表，哪一种更清晰易读呢？

表格里若有很多数据，则可以肯定的是不是每个数据都很重要，并不是所有数据都需要你详细讲解。那么，需要你详细讲解的那一行、那一列，或者那一个小格子，是不是需要做强调设计呢？如图6-20所示。

存款编号	日期	金额	说明	已对账
1	2013/6/2	¥25,000	工作1，支票1	是
2	2013/6/3	¥12,000	工作2，支票1	是
3	2013/6/4	¥15,000	工作1，支票2	是
4	2013/6/5	¥12,000	工作2，支票2	是
汇总		¥54,000		

图 6-20　重点思维表格示例 2

运用重点思维是为了帮助观众节省时间，帮助观众快速地把注意力聚焦在重要信息上。所以，PPT 中的重要信息都应该被强调并凸显出来，以使其与众不同。

3）图像思维

图像思维是 PPT 中最难的一个思维。我们之所以需要 PPT，一个很重要的原因是希望信息更加直观、形象。这一点最直接的体现，就是你能多大限度上把信息翻译成视觉图像。认真审读 PPT，仔细思考每一句话、每一个词，看看哪些可以翻译成图形、图片、图标、图示。这种用"非文字"的方式做 PPT 的思维就是图像思维。

例如，框架思维、重点思维和图像思维构成了一个金三角模型。具体地，它的三条边分别代表一种思维，左边是框架思维，右边是重点思维，下边是图像思维，如图 6-21 所示。

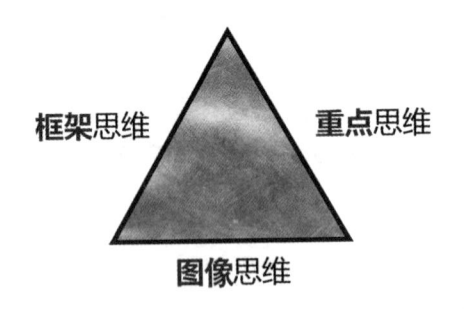

图 6-21　金三角模型 1

这时，关于思维的金三角模型就形成了。

那既然都是思维，三角形中间是不是可以放一个与"思维"相关的图形

第六章 表达——每个行业的红利，都向擅于表达者倾斜

呢？比如一个"大脑"或一个"灯泡"，或者只是一个"感叹号"。

其实我们还可以使金三角模型更形象一些：框架思维能用什么图形代替？重点思维能用什么图形代替？图像思维能用什么图形代替？如图6-22所示，金三角模型是不是更形象了？

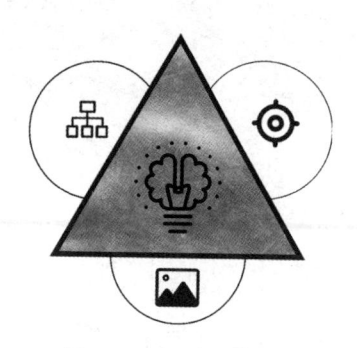

图 6-22　金三角模型 2

这样，我们没有使用一个字，就把想表达的信息与观点全部呈现出来了。当然，这是一个极端测试，把所有文字都用图形取代了。在PPT的实际设计与制作中，为了确保信息的准确性，必要的文字还是要有的。但是，刚才这个练习的价值在于，引导我们在设计PPT的过程中不断地调动右脑，把信息视觉化、把文字图形化。

以封面设计为例。假如你的封面想表达"不断进步，勇攀高峰"，那么你可以配上一张登山的图（见图6-23）。

图 6-23　图像思维封面示例 1

假如你的封面想表达"逆流而上",那么你可以使用一张冲浪的图(见图 6-24)。

图 6-24　图像思维封面示例 2

再如,你想表达"认真,专业",那你能不能使用罗永浩在工具房里敲敲打打像个手艺人的图片?

总之,为你的主题封面配一个符合意境的高质量图片,就能快速提升 PPT 的颜值。

在 PPT 设计与制作的过程中,最常用的视觉化方式是把关键词转化为图形或为其配上图形,即使用"SmartArt"图形功能把大段的文字逻辑翻译为视觉图像,用符合主题的图片作为背景或装饰。

掌握了这个"翻译能力",你做出的 PPT 就会创意十足、形象具体。

具备了图像思维,还需要一些图像素材来支撑你的"战略"。如果你擅长运用互联网,那么你可以说是已经掌握了图像素材宝库的金钥匙。

当然,如果你已经具备了前面所讲的三种思维,还想保持成长、持续精进、更上一层楼,那么你需要做好两件事儿:一个是技术,另一个是审美。

学好技术,就是为了实现你想要的效果。例如,你看到别人的 PPT 像动画片一样飞来飞去,他用的是哪个动画效果?他设置了多少秒?放映顺序是怎么样的?这些都属于技术层面的事情,通过技术学习,你也能做出这些效果来。如果你擅长运用互联网则更好,无论是通过 B 站、抖音,还是通过在

第六章　表达——每个行业的红利，都向擅于表达者倾斜

线课程，你都可以很快速地找到详细的教程与说明。从模仿开始，学完就练，技术就不是难题。

审美是一种发现美和创造美的能力。那我们应该怎样训练审美能力呢？你要做的就是更多地看和更多地分析。你看的和分析的好作品、好案例越多，你的审美能力就越容易提升。当然，除了平时多去研究和学习优秀的 PPT 模板和平面作品，如街道上的灯箱广告，地铁、电梯中的海报，你也可以登录花瓣网研究和学习，花瓣网有特别多的优秀的设计配色和平面作品，它们有很高的借鉴价值，对于提升你的审美能力很有帮助。

4．练习

如果你加入一个新团队，需要向同事们介绍自己，需要做一个 PPT 配合"自我介绍"，就可以运用"金三角模型"来完成其中的 PPT 设计了。请尝试做以下练习。

请想出一句话来代表自己。请为这句话配一张图片。为了方便别人记住自己，请给自己设计三个"标签"，表示为三个名词或形容词并写下来。这三个标签可以用什么"图标"或"图片"代替呢？

你若把以上练习都完成了，一份简单明了、有逻辑、生动形象的自我介绍 PPT 便产生了。

以上就是郭龙老师带来的职场 PPT 金三角模型。作为表达的重要工具，职场 PPT 会在未来呈现出越来越重要的地位。但是，对于每一位职场人来说，PPT 始终是我们的表达辅助工具，你需要考虑的是如何把 PPT 的配合功能发挥到最大，把它的本质功能发挥到最好，而不只是为了追求 PPT 的好看。所有脱离表达目标的 PPT 都是无意义的，愿职场 PPT 金三角模型让你在用 PPT 表达思想时思路大开；让你在制作 PPT 时如虎添翼。

能力的答案

A11 邮件法：让复杂迂回变简洁顺畅

> 文章有力贵在简洁。句子不应包含不必要的词语，段落不应包含不必要的句子，同理，一篇文章不应有不必要的段落，机器不应有不必要的零件。这不仅要求作者应保持所有句子简短，避免细枝末节，应扼要地阐明主题，更要斟酌所说的每一个词。
>
> ——威廉·斯特朗克

为了使我们的表达更加简洁顺畅，写邮件时我们可以参考 **A11 邮件法**。

- Action——行动标题：要将邮件名写清楚，需要对方做什么事情？
- 1——一句话开场：如何一句话写清楚请求行动的价值、发起人、项目名称、请求细化等？
- 1——一个流程阐述：如何按一个流程写清楚事情的来龙去脉，安排对方的阅读顺序？

1. 困境：回复寥寥的邮件

你是一家汽车厂的班组长，一天你早早地来到班组园地，打开计算机，"叮"，一封邮件弹了出来。

邮件标题：2019 年重点工作行动计划——班组园地管理工作

邮件正文：

各位：

上午好！

按照汽车厂 2019 年重点工作行动计划安排，现计划对运行和维护的"班组园地管理"情况进行梳理，以全面检讨当前运行和维护班组园地所涉及的工作内容中存在的问题，大力推行班组园地管理标准化，进一步优化班组园地管理工作，增强员工自我管理意识，提升员工管理文化水平，最大限度消除场地浪费。

第六章　表达——每个行业的红利，都向擅于表达者倾斜

3月3日，在运行交接班会议期间，初步将此项工作的开展目的、计划和要求向生产人员进行了宣贯，针对班组园地优化台账、设施设备放置、人员培训等方面进行了简单交流和沟通。为确保此项工作开展的有效性，现请各运行班组（以班组为单位）和维护班组对班组园地管理方面存在的问题、建议等进行收集、汇总，并于3月15日17:00前填制好《班组园地管理问题、建议统计表》（见附件）并反馈，以便及时开展下一步工作。

注：

反馈事项：只针对与班组园地管理方面有关的内容，不涉及其他。

例如，班组园地目标控制管理、规程和制度管理、班组（人员）培训管理、班组活动管理、班前会与班后会、园地维护记录和台账、器具和特种设备、图纸和资料管理，等等。

反馈人：运行班组由各班班组长以班组为单位反馈，维护班组由××负责反馈。

附件：

《班组园地管理问题、建议统计表》

内文：

班组园地管理问题、建议统计表

班组名称：

序号	管理问题	建议	备注
1			
2			
…			

读完这封邮件，你有什么感受？

2. 分析：KISS原则

相信你会看得很辛苦，很难集中注意力看完这封邮件，即使将其看完了也很难迅速执行。为什么呢？

因为这封邮件违反了KISS原则。KISS是英文 Keep it Simple and Stupid

的缩写，在产品设计领域，是指要把一个产品做得简单到连智力障碍者都会用，换言之越简单越好。邮件也不例外。

就心理学原理来说，KISS 原则既要求做好对读者"注意力"广度的控制，使读者短时间内不要接受大量信息，也要求做好对"主题"转移的控制，避免读者的思维在不同主题间反复跳动，这样才能确保读者"注意力"的稳定性，避免读者失去阅读耐心，从而实现邮件期望达成的目标。

本节开篇的邮件，至少有以下三个方面没有遵循 KISS 原则，导致你读起来很辛苦，邮件回复率和执行率自然就比较低。

①采用了较多的长句和长段落，这会导致读者理解困难。心理学研究得出，人的注意力是有广度/范围的，内容或信息过量后，意识便无法把握。

②下载附件并进行填写时，读者需要返回邮件原文查看要求，这就转移了读者的注意力，人为地增加了理解难度。

③过多冗余、不精准信息干扰了读者对邮件主旨的抓取。

3．方法：A11 邮件法

工作邮件是高效传递信息、指派任务的工具，不适合观点有重大出入、有情绪的复杂沟通。而要如何高效传递信息、指派任务、满足 KISS 原则呢？我推荐 A11 邮件法（见图 6-25）。

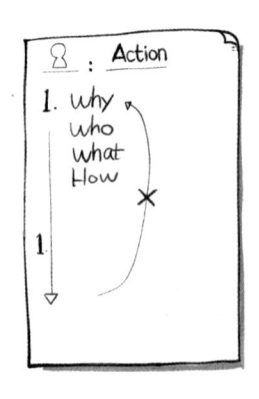

图 6-25　A11 邮件法

第六章 表达——每个行业的红利，都向擅于表达者倾斜

1）Action——行动标题：要将邮件名写清楚，需要对方做什么事情

建议邮件标题从"2019年重点工作行动计划——班组园地管理工作"改为"请回复《班组园地问题建议表》—15日17:00前"。

直截了当地明确邮件的期望，使读者打开邮件后不必漫无目标地、费时费力地找到邮件的主旨——期望各班组按时填制建议表的内容，简单易操作。

而且为了更加简单易懂，新标题去掉了附件名称里的"管理""统计"两个词，同时不再强调需要"3月"提交，因为从内文中可以看出已经是3月。

2）1——一句话开场：如何一句话写清楚请求行动的价值、发起人、项目名称、请求细化等

读者读完邮件标题，往往产生如下疑问，为什么要做这件事？是谁发起的？这件事属于什么项目？

对应地，我们可以在开篇时抛出一句话来概括请求行动的价值、发起人、项目名称及请求细化。具体内容如下。

各位班组长：

你们好！

为了完成汽车厂2019年重点工作行动计划，现管理部牵头进行"班组园地管理"情况梳理工作，请完成附件表格填写后邮寄至××邮箱。

为什么原文中开篇那一段里的六七个理由都不要了，直接用"汽车厂2019年重点工作行动计划"来代替？

还是因为原文违反了KISS原则，写了那么多，基本上都是套话，意义也不大，还使读者读起来很辛苦。这种行文一般是不行的，因为一件事务的具体价值与意义一般要靠面对面交流去表达，仅仅是文字表述难免沦为套话。如果一定要将价值与意义加进去，也需要按照重要程度排序，列举一两个理由并精炼文字就可以了，例如：

根据汽车厂2019年重点工作行动计划的安排，为了大力推行班组园地标准化、提升员工自我管理意识，现管理部牵头进行"班组园地管理"情况

梳理工作……

如果确实需要进一步地强调价值与意义,就可以采取分段并列设小标题的方式进行表述,更易理解,如下。

一、工作价值

1. 汽车厂 2019 年重点工作

2. 大力推行班组园地管理标准化

3. 增强员工自我管理意识

4. 进一步提升管理水平

5. 最大限度消除场地浪费

3)1——一个流程阐述:如何按一个流程写清楚事情的来龙去脉,安排对方的阅读顺序

如果需要读者了解此项工作的前因后果,则可以按流程编序号,编写第二部分,如下。

二、工作进展

1. 3 月 3 日,宣贯工作已完成。已于运行交接班会议期间,针对生产人员,就"工作开展目的、计划和要求"等议题进行了宣传,内容有"班组园地优化台账、设施设备放置和人员培训"等方面。

2. 3 月 15 日前,计划完成问题建议收集工作,请在 15 日 17:00 前填好《班组园地问题建议表》(见附件)后,通过邮件回复反馈。

3. ×月×日,(简述下一步的××工作)。

除了项目进展要按照一个流程表述,读者的阅读路径也要按照一个流程设计。也就是将需要读者注意的事项按流程分别写进附件表格,按填写顺序排序。如下。

第六章 表达——每个行业的红利，都向擅于表达者倾斜

班组园地问题建议表

运行班组名称： 填写班组长姓名：
（维护班组无须填写）

序号	问题名称	现象描述	原因分析	解决建议	备注
	范围：班组园地，不涉及其他。例如，班组园地目标控制管理、规程和制度管理、班组（人员）培训管理、班组活动管理、班前会与班后会、园地维护记录和台账、器具和特种设备、图纸和资料管理……	原则：基于事实。例如，何时、何地、何事、何人	举例：没有规范流程、因技能不熟练导致的违规、因资源不足导致的违规、因不够重视导致的违规……	原则：先思考优化方法，不增加人、财、物资源的投入	
1					
2					
…					

按照这种方法组织班组园地问题建议表有如下两大好处。

一是使读者在打开附件并填写表单时不必返回邮件正文察看邮件要求以对照理解。

如果可以的话，附件还应使用电子表格，读者只需要点击表格链接就能完成填写，无须下载附件和回复邮件，同时也方便接收方汇总信息。

二是辅助填写。根据问题分析与解决的流程，建议表中增加了现象描述、原因分析及解决建议等部分，有效地避免了收集到的信息脱离实际、很难落地。为方便读者理解，还可以附上案例。

4．练习：清晰提交你的建议

为了使大家书写邮件时更加符合 KISS 原则，我在这里推荐一个提报决策的 A11 模板。请利用这个模板，书写一封提交建议的邮件。

邮件主题：请决策××问题的解决办法

邮件正文：

尊敬的××：

您好！

××项目目前进展到××阶段，遇到了××问题，经调研分析，请示采用A方案。

1. 现象描述

5W2H……

2. 原因分析

…………

3. 解决办法

A方案、B方案、C方案……

4. 决策分析

打分：1~5分	收　　益	成　　本	小计得分
A			
B			
C			

综上所述，推荐A方案。

妥否，请指示。

姓名

年　月　日

以上就是帮助你简洁顺畅地写出邮件的邮件模型。如果你准备将A11邮件法用在短信、微信、QQ等其他场景中的表达上，你打算如何借鉴或调整？

PLAY即兴法：让支支吾吾变脱颖而出

在漫长的人类史（以及动物史）上，占优势的永远是那些能够学会合作和即兴发挥的物种。

——达尔文

第六章　表达——每个行业的红利，都向擅于表达者倾斜

为了让精彩的演讲脱口而出，我们可以使用 **PLAY** 即兴法。

- Prepare——提前准备：你的专业信息、通识内容、个人故事、热点话题素材。
- Listen——仔细聆听：听众的讲话、情绪与诉求，你和对方的关系等。
- Associate——关联现场：嘉宾、主题、听众。
- Yes and——接纳和创造：你的即兴精彩。

1. 困境：突如其来的发言

我有一位年轻朋友，外号"土豆"，其貌不扬，长得的确很像土豆，比较有思考者气质，甚至看上去有些木讷，对人不敏感。他不太喜欢参加集体活动，当众即兴发言对他来说就是如临大敌。有一次公司聚会，领导让他作为新人代表讲几句。他直接就懵了，支支吾**吾没憋出**一句话来……那么，如何成为单位的佼佼者，发出自己的声音呢？

表达，在职场和生活当中的重要性**不言而明**，而**无处不在**的即兴表达，更是比正式演讲更普遍、更有挑战性，比如如下场景。

- 在一个有准备的发言之后回答听众的若干问题。
- 在办公室和新同事交流指导他最近的工作。
- 你准备了 20 分钟的发言稿被通知要在 5 分钟之内讲完。
- 参加各种宴会，（出于要展现自我的需求或者主办方的要求）临时要讲几句。
- 因为个人或公司需要，进行视频直播。

　…………

事实上，现在的工作节奏变得越来越快，人们的注意力也越来越短，一般情况下没有人能够有耐心地听完十几分钟甚至几十分钟的长篇大论了。大家喜爱的抖音视频，大多也就几十秒，甚至更短。所以，当下做好一两分钟的即兴演讲的能力就显得尤为重要了。

如何快速地组织思维、整理语言、吸引听众的注意力和得到听众的认可，

就是我们本节要谈论的话题。

2. 分析：准备就绪的即兴

即兴也意味着会面对一定的不确定性，但是人天生就是不太喜欢不确定性的，所以，达尔文会说：在漫长的人类史（以及动物史）上，占优势的永远是那些能够学会合作和即兴发挥的物种。

很多人认为即兴就是完全没有准备地临场发挥，全靠灵感和个人天赋。实际上，"即兴"（impromptu）这个词起源于拉丁文（inpromptu），原始含义是"准备就绪"（inreadiness）。也就是说，看似"即兴"的场景是可以提前"准备"的，这样一来，现场"表演"（Play）的成功率会大大提升。

结合我多年来做公众表达演讲者、培训师和即兴戏剧表演者的经验，我给大家推荐一个即兴表达的方法，即 PLAY 即兴法。希望大家在玩乐中学会即兴表达的心法和手法，在今后的即兴表达场景中享受不确定性带来的刺激和创意，脱颖而出！

3. 方法：PLAY 即兴法

PLAY 分别是 Prepare（提前准备）、Listen（仔细聆听）、Associate（关联现场）和 Yes and（接纳和创造）。

图 6-26　PLAY 即兴法

1）Prepare——提前准备

你可能说，既然是即兴的，怎么还能提前准备呢？

第六章　表达——每个行业的红利，都向擅于表达者倾斜

本节开篇的"突如其来的发言"的案例中，如果"土豆"能够有意识地预测到领导很有可能让他起来发言，那么，他就可以提前总结一下最近的工作心得，并且在那个场合说出得体的话了。实际上，这样的场景在我们的工作生活中是非常多的，我们总是可以提前几分钟甚至几个小时知道自己需要发言，那我们就能快速地根据一些结构和主题来提前准备，而不至于完全无所适从。我们应该随时准备好以下四类信息，以在和人交流时有的放矢。

（1）专业信息

作为一位职场人士或专家，你会在一定范围内接受其他人对你的专业进行提问，这种情况下，我觉得你有责任，也必须有能力说出些干货来。否则只是想要学套路、打圆场，迟早会在别人面前"翻车"。另外，与非本专业的人交流时，自己的脑海里面可以有一个简单的框架，不需要一次抛出太多的专业性概念和步骤。生成一个简单的模型就够了，比如我正在分享的 PLAY 即兴模型。

（2）通识内容

随着知识付费越来越流行，我相信你会从得到、樊登读书、混沌大学、喜马拉雅等平台上获得关于天文地理、历史、政治、经济、法律、戏剧等方面的通用知识和新名词。与他人分享所学是有效拉近人与人之间关系的一种方式，而且可以悄无声息地向他人传递爱学习的人设。例如，分享什么是沟通中的"关键对话"、什么是管理者的"成长型思维"、什么是营销的"文化母体"等的通识内容便会有效拉近你与别人的关系。

（3）个人故事

准备 3~5 个自己的成长转变历程中的黄金百搭故事，你可以在任意场合拿出来分享。人们之所以愿意跟你交流，很有可能是因为你拥有的独特人生经历。

例如，我自己会在很多场合分享自己是怎样和太太决定环球旅行的故事。我参加国际演讲时会分享改变自己乃至帮助朋友从 IT 男变成演讲培训师的故事。

我会随手记录小事，比如飞机上有人呕吐，我们伸手援助的故事。

你可能会说"哎呀，我只是一个普通人，人生平平无奇，没啥故事可讲啊"，我给你推荐一个小小的 4F 原则：First Time（第一次）、Failure（失败）、Frustration（失望）、Fall（错误），你可以通过它找到改变自己人生和实现人生逆袭的瞬间，将你的这些个人故事分享给大家也会使你变得更加自信，大家会越来越愿意与你交往，因为这些故事是大家最喜欢听的。

（4）热点话题

人们总是对时下发生的事情很感兴趣，如果能够抓住热点话题，以此作为灵感的跳板和大家建好共同话题，就能和大家分享自己比较熟悉的事情，展开顺畅而且深入的交流。推荐大家关注今日头条或微博热点以及刷屏朋友圈的一些动态，抓取热点话题，紧追社会节奏。例如，我在编写本书时，B 站的"后浪"正在刷屏朋友圈，那么你可以围绕"后浪"这个热点话题谈谈你的看法。

当然，演讲肯定需要一定的结构，在本书第四章第四节中，何平老师已经讲解了一些总分模型的知识，这里我就不赘述了，总之你完全可以展开有结构性的表达，用 2~3 分钟完成你的即兴演讲。

提前做好准备，其实是要求我们做生活中的有心人，这样我们才能够有资源、有勇气和有能力面对工作、生活的不确定性。

2）Listen——仔细聆听

本章的主题虽然是表达，但是我一直认为"好好听话比好好说话更重要"。因为谁都会漫无目的地闲聊，但是要真正说到对方/听众的心坎上，就需要我们先仔细聆听他们的心声。我们需要关注对方提出的内容、看不见的情绪与诉求，考虑彼此的关系。

得到平台的《跟熊浩学沟通·30 讲》课程里列举了这样一个例子：哈佛大学法学院的谈判学教授威廉·尤瑞曾提出一个有趣的问题，这个有趣的问题是：在一片旷野之中，如果有一棵大树轰然倒下，旁边一个人都没有，那

第六章　表达——每个行业的红利，都向擅于表达者倾斜

么现场到底有没有发生过声响？

英文中有两个单词，我们用"听到"和"聆听"来解读这两个单词，就能够比较容易地理解这个场景了。Hearing，即听到；Listening，即聆听。前者是指物理上发出的声响经过我们的耳膜，我们"听到"声音，而后者是指我们主动给予关注，主动地"听到"内容。我想你应该有过这种体会：当你很专注地和一个人聊天的时候，你屏蔽掉了身边发出的其他声音，但是实际上这些声音是客观存在于物理世界里的。

我们可能碰到很多即兴的发言场景，我们需要第一时间确认问题和题目，甚至需要搞清楚对方背后的诉求才能够做进一步的发言。所以，即兴发言前的"聆听"，非常重要。

具体应该怎样聆听呢？在第五章第三节里，何平老师将"聆听心声"讲得很清楚，回味一下，不如你现在就用 2~3 分钟来即兴表达你对它的理解吧。

3）Associate——关联现场

即兴表达最难的地方就是不知道怎么开始，因为灵感不知道从哪里产生，所以我们需要一个"抓手"来启动我们的思考和发言。一旦你灵感迸发，开始演讲，通常就会思如泉涌、脱口而出、环环相扣。接下来我给大家分享三个这样的"抓手"。

（1）关联已经发言的嘉宾

这几乎是最好用的一招，但前提是你必须认真聆听别人在说什么，掌握了已经发言嘉宾的演讲精要。现场学习很重要，无论是会议还是饭局、论坛，只要你不玩手机，沉浸式地听别人的演讲，我保证你会学到很多！

如果你有机会发言的话，你就有机会通过关联已经发言的嘉宾的方式展示你对别人的尊重，这是情商高的表现。你的发言可以是这样的："就像刚才张总说到的那样，学习是一件非常重要的事情……另外我还记得 Jacky 老师说，但行好事，莫问前程。我很认同，同时我也想说……"

你要做一位好的演讲者，首先你得是一位好的聆听者。

（2）关联现场的主题

这也是我经常用到的一招，因为这种方法会让大家印象深刻，同时，我又会通过妙用关键词的方式，将大家已知的某些内容关联起来，方便、新颖而且好记。

例如，有一次我去国内的著名少儿编程公司"西瓜创客"做演讲教练。在听完小伙伴们的发言以后，领导临时请我总结一下，我就用了"西瓜创客"四个谐音字来总结。

"首先，今天的演讲很'吸'（谐音：西）引我。每位小伙伴都做了充分的准备，互动很好，PPT也做得很炫酷……；其次，大家'瓜'分了话语权，因为今天是同一个主题，不同的小伙伴来讲，这就让我们听众觉得很新鲜啊；而且，你们'创'造了高峰体验啊，给大家送了礼物，还邀请了真人玩偶来现场，把气氛推向了高潮；最重要的是，你们都是第一次上台，'克'（谐音：客）服了紧张，真的很了不起……所以我觉得你们今天的演讲做得很'西瓜创客'。"

话音刚落，现场响起一阵掌声和惊奇声（潜台词：没想到，居然有人可以这么来做总结发言，还和自己的公司紧密结合在一起）。直到现在，还有他们公司的人会跟我说"那次的发言，真不错"！

所以，下次做演讲时你不妨留心一下那个演讲场地叫什么，或者那天的论坛主题是哪几个字，试试看能不能用它们组词造句，或者使用谐音字将它们串起来，会收到意想不到的效果哦！

（3）关联现场的听众

通常，关联现场观众的能力反映了你对现场的敏感度，比如，现场来了多少人？他们是不是在认真听？大家的状态怎么样了？现场观众的状态可以作为你演讲的灵感，积极关联现场观众也是你尊重观众的表现。

例如，你去参加一个《后疫情时代，企业发展何去何从》的论坛，要临时

第六章　表达——每个行业的红利，都向擅于表达者倾斜

发言，你可以说："我刚才上台之前，发现我左边的哥们儿，笔记记得满满的一篇，右边的哥们儿，正在使用录音软件，说明咱们今天的内容真的是相当不错！说到左和右啊！我对今天的大会也有两个深刻的体会：左手抓住了当今疫情时代下每个企业都在思考的关键命题——如何发展下去；右手又引导了大家来关注我们这个平台能够提供的资源……"

当你说完这一大段的时候，我想你脑海里应该已经有了对这两个话题的一些想法，那么，接下来的演讲自然是水到渠成了。

4）Yes and——接纳创造

即兴戏剧是时下特别流行的一种艺术形式。湖南卫视《笑起来真好看》就有大量的即兴戏剧。我在 2015 年时接触"即兴"，后又去美国芝加哥留学，师从 iO 剧场创始人夏娜·哈尔彭学习，回国后创办了"麻辣即兴"（微信搜索这四个字可关注我们的公共号）。截至 2020 年 5 月，"麻辣即兴"已经影响了 1 万多人获得 say yes 的积极人生。我的小目标是三年影响 10 万人。我邀请你一起加入即兴生活！

即兴戏剧，顾名思义，表演者无须准备台词和剧本，上场以后，只需要根据现场观众的建议展开即兴表演。例如，一男一女两个人登上舞台，对听众说："请给我们一对人物关系。"底下听众会七嘴八舌地喊："情侣"、"爷爷和孙女"……表演者会以听到的第一个建议为准，然后问听众更多线索，例如，"我们现在在哪里呢"，这时候观众又会喊出各种答案："在商场"、"在学校"……表演者进而开始即兴表演。即兴戏剧全靠即兴发挥，听众常常被逗得哈哈大笑。

按照惯性思维思考，没有准备的戏剧表演是很难进行下去的。但是即兴戏剧这种新的形式就打破了这种惯性思维，它告诉我们通过即兴训练是可以无须准备就演好一台戏的。虽然即兴戏剧和即兴演讲形式不同，但是它们在思维上有相通之处，我们可以学习即兴戏剧的思维来做好即兴演讲。

即兴戏剧里的一个核心原则是 Yes And，即"是的，而且"，我们通常把它理解成接纳和创造，也就是说无论观众给你出的是什么题目，也无论你的

搭档给你出的是什么台词，你都要先从内心上接纳它们，然后再创造性地解决问题，去推进剧情向前发展。这是不是一个典型的即兴场景？

其实，阻碍我们的通常并不是没有想法，而是我们不相信或者过多地批判了自己的想法，或者我们总在等待完美的想法。而在即兴戏剧的舞台上，每个演员都被训练得能够很快地产生好几个想法，并根据这些想法搭建场景。

在这里我推荐一个即兴小游戏"五件套"，帮助你来训练自己接纳和创造的能力。你可以自己玩，如果能找个搭档跟你一起玩则更好。让你的搭档随便出一个至少有五个答案的问题，比如说出五种植物的名称、说出你最喜欢做的五件事情、说出五个红色的东西等，然后你要不假思索地说出五个答案。接下来请你挑选其中的一个答案，展开一段2~3分钟的演讲，然后逐渐加大难度，直到达到你可以把所有的答案完美地演讲出来的程度。

4．练习：成竹在胸

请按照以下需求提前准备你的即兴演讲内容。

- 专业信息：你能围绕你的专业领域提炼1~3个模型吗？呈现方式可以是英文字母、中文名词或一个比喻。
- 通识内容：花两分钟时间，解释一个你最近学到的新知识或新名词。
- 个人故事：你能不能就以下话题进行2~3分钟的简单分享？比如你第一次面试的经历、你在工作中的一段失败经历、你伤心难过的一段关系、你收过的一份惊喜礼物。
- 热点话题：你能不能根据你关心的1~2个热点话题，进行2~3分钟的即兴表达？

以上就是Jack船长分享的"PLAY即兴模型"，你学会了吗？不如现在就用2~3分钟即兴分享一次吧！

本章尾声：

我想挑战下你，你能不能运用京米粒老师分享的图库金字塔视觉法，把

第六章　表达——每个行业的红利，都向擅于表达者倾斜

本书某一节的模型浓缩为一幅形象的知识图呢？

自己画的知识图，自己当然记忆深刻，你对该知识图的运用越来越纯熟，你觉得独乐乐不如众乐乐，想通过一堂培训微课将此知识图分享给同事们，你会用郭龙老师分享的职场PPT金三角的知识，做出什么样的有框架、有重点、有图像的课程PPT呢？

做好了课程PPT，你准备写一封邮件，邀约大家来培训室交流。你会如何运用A11邮件法，写一封有明确的标题、简洁的开场、顺畅介绍培训流程的邮件呢？

培训微课非常成功，走在回家路上的你心情愉悦，这时候你突然发现前面那个人不就是何平老师嘛。你会如何运用PLAY即兴法，走上前，向何平老师做一次即兴的演讲呢？

如果你能像上面那样，将本章乃至全书的内容吸收和融入你的生活、工作中的每一天，那会发生什么呢？

真心希望这本书里的知识都能为你所用！祝愿你在黑天鹅时代抓住永恒不变的知识，锻造出自己的通用能力，乘风破浪，追寻你的梦想，拥有更广阔更自由的人生！

致　谢

致 谢

感谢我和雅文的爸爸妈妈的支持。我和雅文都是饭来张口，因为我们都不会做饭，我们每周都有偷闲谈恋爱的时间，因为有你们在帮我们陪伴笑笑。我们写书的时间，是你们的辛苦付出换来的。即使我们有些成就，也是因为你们的支持和教诲，我们是如此幸运！这一切让我深深地感叹，真的千万不要轻易跟别人比较，因为你不知道别人的后援团能够强大到何种程度。

感谢雅文。遇见你，是我一辈子最大的收获，坚持等到你才谈恋爱，是我一辈子最棒的坚持。感谢你在繁忙的教学之余，不但陪伴笑笑玩耍、吃饭、洗漱、讲故事，无微不至地呵护笑笑，还主动提出继续为书配图，跟我讨论书里的内容。我感到我应该给你发工资，稿费有你一半。我爱你。

感谢笑笑。新型冠状病毒肺炎疫情期间，我们朝夕相处，你给了我很多提升情绪管理能力的锻炼机会。我做得不好的是时不时发火，做得好的是抽出越来越多的时间来陪你，比如晚上。我这个父亲一定会做得越来越好，与你一起成长，希望你好好吃饭，好好睡觉，少生病。

感谢各位领导、老师、好友们为本书写推荐语，在专业和人生道路上你们是我的明灯。

感谢Jack船长、京米粒、郭龙等老师，我又追着你们约稿了。真心希望你们身上的优点，除了被我学习，也被更多人学习。未来与你们一起成长，祝愿你们的事业越来越好。

感谢蕴蔚、鄢毅、柯霓、付豪、登峰、Jason、阿杜、猫哥，因为你们分享的亲身经历和对本书初稿的打磨，让我感到抽象的知识是有力量的、是鲜活的。你们的付出为本书增色不少，感谢你们。

感谢得到大学成都五期二班的幕僚们和三组的伙伴们，我完成了我立的写书目标。希望未来能多在线下见面交流。

感谢晋晶老师对我的支持，让我携手电子工业出版社发行本书，感谢易俗老师，《学习的答案》营销得到了你的大力支持，《能力的答案》也一定能大放异彩。

由衷地感谢所有人！祝愿我们不负此生、永不止步，拥有更丰盛、更自由的未来！

附录 A　全书知识清单

附录 A 全书知识清单

表 A-1 全书知识清单

章主题	节主题	问题	方法	How
心态	未来	如何面对问题	3HOW未来法	1. How：未来，我如何实现 X 目标？ 2. How+：未来，我如何做得更好呢？ 3. How*：未来，我如何做得更好，同时实现 Y 目标
心态	重塑	如何面对失败	RCD重塑法	1. Recall——回溯：对于我来说，当发生了什么事情时，我会认为自己失败了？ 2. Criticize——质疑：原有的有关"失败"的定义，在我的掌控范围内吗？有助于我实现目标吗？ 3. Definition——重塑：我要如何自己定义"失败"
心态	哑铃	如何面对责任	两见哑铃法	1. 远见：1 年、5 年、10 年、20 年、30 年后的自己，会是什么样子？ 2. 高见：比我层次高的人，会怎么想、怎么做
心态	点赞	如何面对差异	DBP点赞法	1. Difference——发现差异：对方和我有什么不同的做法？ 2. Benefit——挖掘价值：这种不同背后有什么好处？ 3. Praise——随喜点赞：我要如何给对方鼓励
情绪	看见	如何感知情绪	前中后看见法	1. 事前建档：我经历过哪些情绪事件？ 2. 事中感知：通过三次深呼吸，我发现我的身体和语言对我说了什么？ 3. 事后反思：从设身处地之外看，我有什么情绪产生呢

续表

章主题	节主题	问题	方法	How
情绪	对焦	如何关注美好	美好照相机对焦法	1. 关注好事：发生了什么好事？ 2. 积极分心：我可以做哪些五星级的愉悦的事情？ 3. 杜绝消极：我要如何屏蔽低能量信息源？ 4. 感恩拥有：有什么是过去我希求、现在我拥有的东西？他人给予了我什么帮助？我可以给予他人什么帮助
	河道	如何改变信念	强有力河道法	1. 不抱持"太在乎别人怎么看待我"的信念：别人的意见是……，而我的意见是……。下一步怎么做，我要问问我内心的声音。 2. 不抱持"每个问题都有完美的解决方法，我必须现在找到而后再行动/正确答案只有一个"的信念：就当下而言，我能想到的最好办法是……，行动起来，这就是当下能取得的最大成果。 3. 不抱持"书必须从头读到尾，否则会遗漏/会觉得不算读完了一本书"的信念：我们可以将书掐头去尾，选取所需的部分去阅读，这样更高效
	行动	如何采取行动	双A行动法	1. Arouse——情绪积极启发：我现在的情绪，启示我要采取什么行动？ 2. Action——高能量行为：我可以采取什么肢体动作来唤起高能量的情绪

续表

章主题	节主题	问题	方法	How
目标	眺望	如何明确目标	TMP眺望法	1. True me——寻找热情：目标从哪里来？ 2. Measurable——量化目标：你如何知道你的目标实现了呢？ 3. Picture——视觉化目标：如何记住目标
	合作	如何合作共赢	3C合作法	1. Cost——单位时间成本：我的每小时工资是多少？如何将低于我单位工资收入的事务外包？ 2. Cooperation——五星级合作：如何跟合作方明确目标的期望结果、验收标准、方针方法、人财物资源、奖励激励等细节？ 3. Contacts——人脉保险柜：哪些人值得再次、多次开展双赢合作
	阶梯	如何分解任务	NML阶梯法	1. Next——下一步：（为实现目标）下一步需要做什么任务？ 2. Mentor——标杆：谁成功实现过类似目标？ 3. List——清单：如何写出任务清单
	复盘	如何总结成果	KCF复盘法	1. Keep——保持：哪些事情做得好，有效果？ 2. Cease——停止：哪些事情做得还不够好，没有效果？ 3. Fix——修饰：今后如何做得更多、更快、更好、更省

续表

章主题	节主题	问题	方法	How
思维	金字塔	如何实现清晰思考	金字塔八字诀法	1.（共）识：什么是共识、背景？ 2.矛（盾）：什么是矛盾、冲突？ 3.问（题）：对听众来说，以上内容能够引发他们思考什么问题？ 4.答（案）/（结）论：针对他们的问题，答案/结论是什么？ 5.问（题）：对于以上答案/结论，听众还会提出哪些问题？ 6.ME（CE）：支撑理由/答案，如何符合MECE法则？ 7.（顺）序：每一类答案/结论要按照什么顺序排列
	换位	如何实现客户导向	谁问答换位法	1.是谁：客户/沟通对象是谁？ 2.问啥：对于某话题，他有什么问题或需求？ 3.答啥：什么答案能解答他的问题/满足他的需求
	故事	如何实现扣人心弦	识矛问答故事法	1.Situation——铺垫背景、提醒共识：故事发生的背景是什么？ 2.Complication——突出矛盾：主人公遇到了什么挑战？ 3.Question——点明问题：主人公需要解决什么问题？ 4.Answer——揭秘答案：主人公采取了哪些行动？得到了什么结果
	总分	如何实现清晰思路	13总分法	1.Why柜子：我们认为/我的观点是××，因为三个原因。1……2……3……。 2.What柜子：××由三个部分构成，分别是1……2……3…… 3.How柜子：为了得到××结果，有三步/三个要点，分别是1……2……3……

续表

章主题	节主题	问题	方法	How
沟通	三赢	如何明确初心	MYW三赢法	1. Me——我赢：（这次沟通）要实现我的什么目标？ 2. You——你赢：要实现对方的什么目标？ 3. We——我们赢：要如何增进我们的关系
	冰山	如何坦诚交流	FCFD冰山法	1. Fact——事实：我/对方看见/听见/触摸到什么事实？ 2. Conclusion——结论：我/对方得出了什么结论？ 3. Feeling——情绪：我/对方产生了什么情绪？ 4. Demand——需求：我/对方背后有什么需求
	聚光	如何聆听心声	3R聚光法	1. Receive——接收：我如何全身心地关注对方？ 2. Respond——反应：我如何与对方同步，让对方感受到我在仔细聆听？ 3. Repeat——确认：如何确认听到的信息确实是对方想表达的？
	嫁接	如何推进共识	SYP嫁接法	1. Share——共享信息：对于某个话题，你与对方各自有哪些看法？ 2. Yes——求同存异：这些看法当中有哪些一致的内容，如何认同？有哪些理解不同的内容，如何交流？ 3. Plan——落地推进：为了推进共识的落地，我们需要明确计划和双方的责任

续表

章主题	节主题	问题	方法	How
表达	视觉	如何表达抽象思想	图库金字塔视觉法	1. 基本图像要素 2. 象形图和会意图 3. 视觉模板图
	PPT	如何做好职场PPT	职场PPT金三角	1. 框架思维 2. 重点思维 3. 图像思维
	邮件	如何写好工作邮件	A11邮件法	1. Action——行动标题：要将邮件名写清楚，需要对方做什么事情？ 2. 1——一句话开场：如何一句话写清楚请求行动的价值、发起人、项目名称、请求细化等？ 3. 1——一个流程阐述：如何按一个流程写清楚事情的来龙去脉，安排对方的阅读顺序
	即兴	如何做好即兴演讲	PLAY即兴法	1. Prepare——提前准备：你的专业信息、通识内容、个人故事、热点话题素材。 2. Listen——仔细聆听：听众的讲话、情绪与诉求，你和对方的关系等。 3. Associate——关联现场：嘉宾、主题、听众。 4. Yes and——接纳和创造：你的即兴精彩

参考文献

[1] 史蒂芬·柯维. 高效能人士的七个习惯：25 周年纪念版[M]. 高新勇，王亦兵，葛雪蕾，译. 北京：中国青年出版社，2015.

[2] YouCore. 个体赋能[M]. 成都：天地出版社，2018.

[3] 李海峰. DISCOVER 自我探索[M]. 北京：电子工业出版社，2014.

[4] 芭芭拉·弗雷德里克森，等. 积极情绪的力量[M]. 王珺，译. 北京：中国人民大学出版社，2010.

[5] 阿尔伯特·埃利斯，阿瑟·兰格. 我的情绪为何总被他人左右[M]. 张蕾芳，译. 北京：机械工业出版社，2015.

[6] 何平. 学习的答案：为终身学习者赋能[M]. 北京：电子工业出版社，2019.

[7] 理查德·怀斯曼，正能量[M]. 李磊，译. 长沙：湖南文艺出版社，2012.

[8] 戴维·艾伦. 搞定 I：无压工作的艺术. 第 2 版[M]. 张静，译. 北京：中信出版集团，2016.

[9] 奇普·希思，丹·希思. 瞬变：让改变轻松起来的 9 个方法[M]. 姜奕晖，译. 北京：中信出版社，2014.

[10] 芭芭拉·明托. 金字塔原理[M]. 汪洱，高愉，译. 海口：南海出版公司，2010.

[11] 王琳，朱文浩. 结构性思维[M]. 北京：中信出版社，2016.

[12] 科里·帕特森. 关键对话：如何高效能沟通[M]. 毕崇毅，译. 北京：机械工业出版社，2012.

[13] 道格拉斯·斯通，布鲁斯·佩顿，希拉·汉. 高难度谈话[M]. 王甜甜，译. 北京：中国城市出版社，2011.